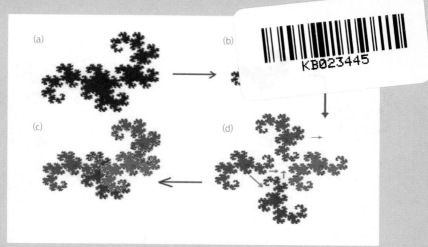

그림 1.1.3 드래건 커브[사]의 자기유사성

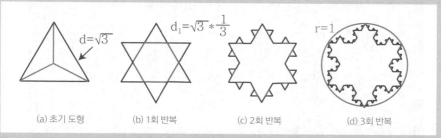

(a) 초기 도형　　(b) 1회 반복　　(c) 2회 반복　　(d) 3회 반복

그림 1.2.3 코흐의 눈송이

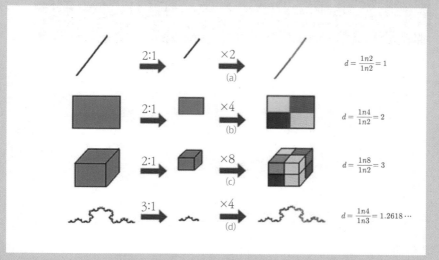

$$d = \frac{\ln 2}{\ln 2} = 1$$

$$d = \frac{\ln 4}{\ln 2} = 2$$

$$d = \frac{\ln 8}{\ln 2} = 3$$

$$d = \frac{\ln 4}{\ln 3} = 1.2618 \cdots$$

그림 1.3.1 도량법으로 정의한 차원

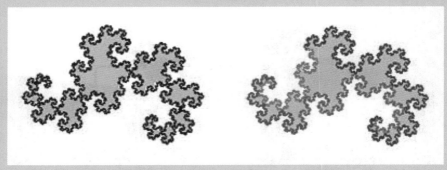

그림 1.4.6 자기유사성을 지니는 네 도형으로 만들어진 드래건 커브의 경계선

그림 1.5.1 컴퓨터로 만든 나뭇잎 모양 프랙탈 그림

다시 확대

작은 구역을 확대

만델브로 집합

이 부분에 대응하는 줄리아 집합 Julia set

그림 1.7.1 만델브로 집합으로 만든 도형

그림 1.7.2 만델브로-줄리아 도형으로 설계한 스카프 무늬
[그림 1.7.1] 오른쪽 아래 그림의 줄리아 집합과 유사

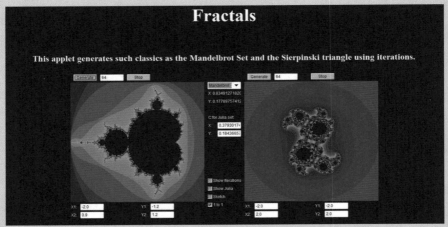

그림 1.8.1 왼쪽 그림은 만델브로 집합, 오른쪽은 만델브로 도형에서 (x=0.379, y=0.184) 지점에 대응하는 줄리아 집합

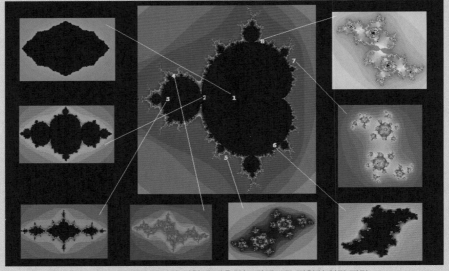

그림 1.8.3 여러 줄리아 집합에 대응하는 만델브로 집합의 여러 지점

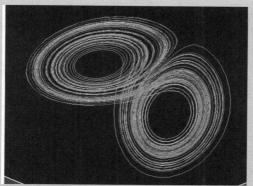

그림 2.2.1 로렌츠 끌개

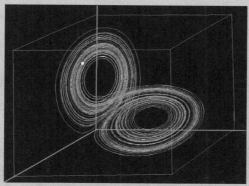

그림 2.4.1 로렌츠 끌개는 2.06차원의 프랙탈

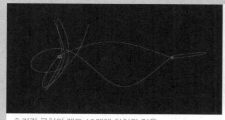

초기값 근처의 궤도 10개에 차이가 없음

궤도가 갈라지기 시작함

궤도간 차등지수가 증가함

궤도 10개가 완전히 다르고 각자 이리저리 흩어짐

그림 2.6.2 제한삼체문제 : 초기값이 미세하게 다른 궤도 10개의 시간에 따른 변화 과정

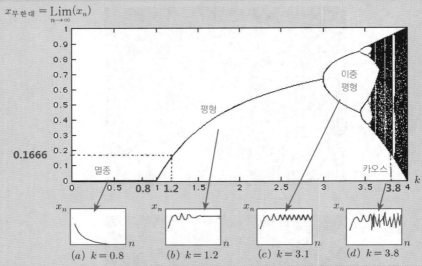

$x_{무한대} = \underset{n \to \infty}{\text{Lim}}(x_n)$

(a) $k = 0.8$ (b) $k = 1.2$ (c) $k = 3.1$ (d) $k = 3.8$

그림 2.7.2 상이한 k값에 대응하는 로지스틱 방정식 해의 여러 장기적 행위

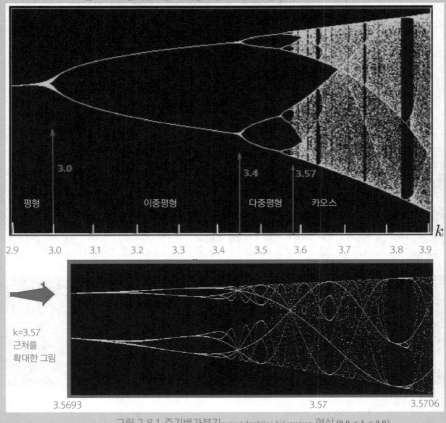

그림 2.8.1 주기배가분기|period doubling bifurcation 현상 (2.9 < k < 3.9)

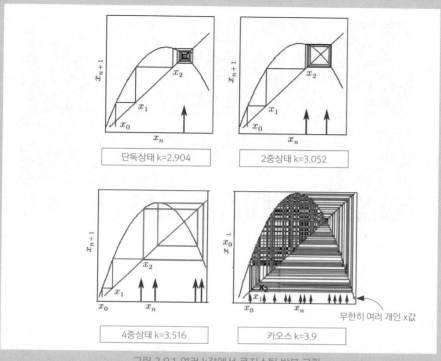

그림 2.9.1 여러 k값에서 로지스틱 반복 그림

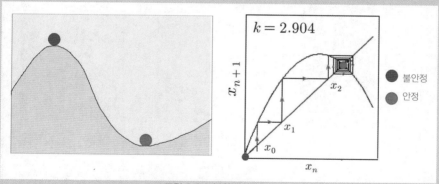

그림 2.9.2 불안정과 안정

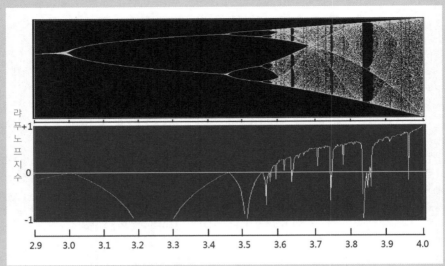

그림 2.9.4 로지스틱 계의 랴푸노프 지수와 그에 대응하는 분기 상황

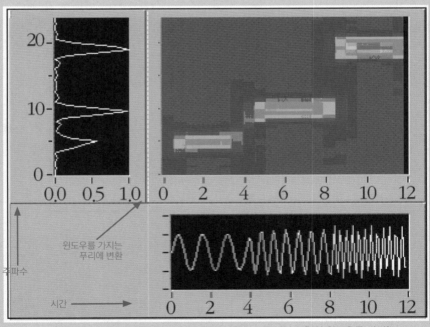

윈도우를 가지는
푸리에 변환

주파수

시간

그림 3.3.2 세 구간의 상이한 주파수에 대한 사인함수로 구성된 도형의 윈도우를 가지는
푸리에 변환 결과

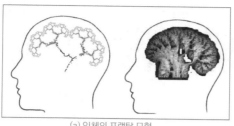

(a) 인체의 프랙탈 모형

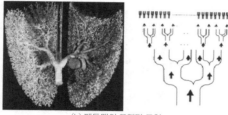

(b) 폐동맥의 프랙탈 모형

그림 3.4.1 인체의 뇌와 허파꽈리 구조에서 나타나는 프랙탈

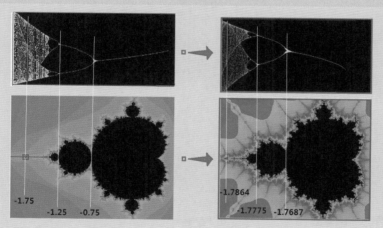

로지스틱 분기와 만델브로 집합   왼쪽 그림 중 붉은색 사각형을 확대한 그림

(위·아래 두 그림의 흰색 세로선을 연결한 것은 로지스틱 분기와 만델브로 집합의 관계를
나타낸다. 흰색 선 하단의 숫자는 만델브로 집합의 여러 복수인 c의 실수값에 대응한다.)

그림 4.2.2 주기배가분기 그림과 만델브로 집합

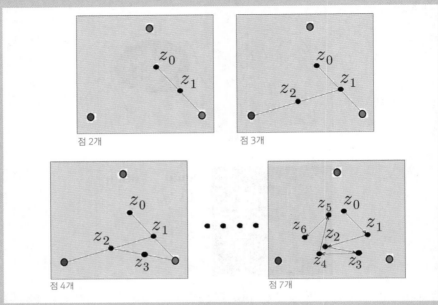

그림 4.3.1 카오스 게임법으로 시어핀스키 삼각형 만들기

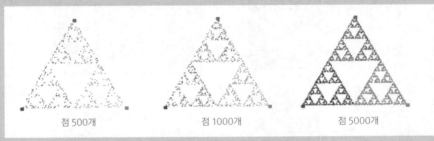

점 500개 점 1000개 점 5000개

그림 4.3.2 시어핀스키 삼각형을 만드는 카오스 게임
실험용 점의 수에 따라 다른 결과가 나온다.

(a) 구조가 안정적인 요람은 살짝 흔들어도 두 개의 고정 상태가 변하지 않는다.

(b) 구조가 불안정한 요람은 살짝 흔들면 고정 상태가 2에서 1로 변한다.

(c) 상태수가 무한히 많지만 구조가 안정적인 요람

그림 4.4.3 구조 안정성 설명도

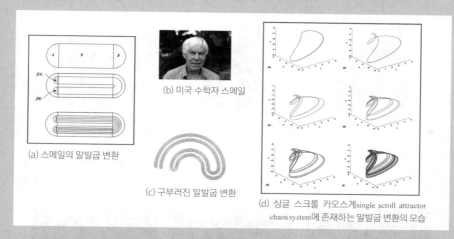

(a) 스메일의 말발굽 변환

(b) 미국 수학자 스메일

(c) 구부러진 말발굽 변환

(d) 싱글 스크롤 카오스계single scroll attractor chaos system에 존재하는 말발굽 변환의 모습

그림 4.4.4 말발굽 사상과 이상한 끌개의 형성 과정

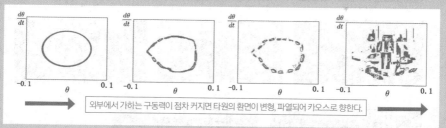

외부에서 가하는 구동력이 점차 커지면 타원의 환면이 변형, 파열되어 카오스로 향한다.

그림 5.1.3 원환면 파열 카오스 경로

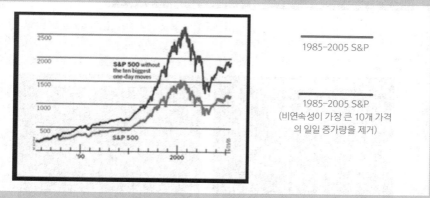

1985-2005 S&P

1985-2005 S&P
(비연속성이 가장 큰 10개 가격의 일일 증가량을 제거)

그림 5.3.1 S&P의 20년간 증가 곡선

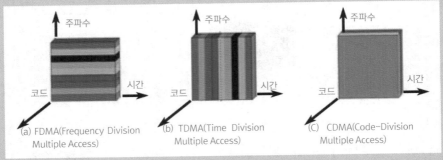

주파수

코드 → 시간
(a) FDMA(Frequency Division Multiple Access)

주파수

코드 → 시간
(b) TDMA(Time Division Multiple Access)

주파수

코드 → 시간
(C) CDMA(Code-Division Multiple Access)

그림 5.4.1 멀티홈드 방식 비교

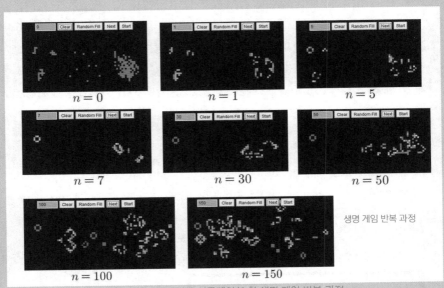

$n = 0$

$n = 1$

$n = 5$

$n = 7$

$n = 30$

$n = 50$

$n = 100$

$n = 150$

생명 게임 반복 과정

그림 6.4.3 컴퓨터로 시뮬레이션 한 생명 게임 반복 관정
(컴퓨터로 만든 이 그림에서 검은색 부분은 죽음을, 다른 색깔은 삶을 나타냄)
생명 게임 프로그램 출처: http:// www.tianfangyetan.net/cd/java/Life.html

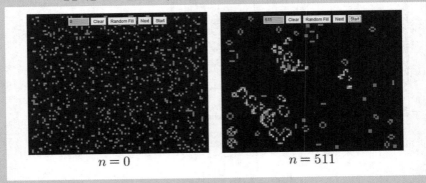

$n = 0$

$n = 511$

그림 6.4.4 생명 게임의 '무질서에서 질서로' 시뮬레이션

경쾌하고 재미있는 언어, 친근하고 생동감 넘치는 그림 해설로
이론의 딱딱한 틀을 깨고 과학의 신비를 깨닫는

나비효과의 수수께끼

프랙탈 · 카오스와 친해지기

장텐룽 지음

한수희 옮김

꾸벅

과학도 재미있을 수 있다

중국에 과학이 들어온 지 수백 년이 흘렀지만 중국이 과학을 보편적으로 이해하는 나라라고 말하기는 아직 어렵다.

과학이 정말로 중국 문화에 깊숙이 스며들었다면 왜 지금까지도 중국 대중들이 종종 과학을 오해하고, 몇몇 극단주의자들의 추진으로 과학에 반대하는 사조가 등장할 수 있었는지를 설명하기가 어렵다.

과학을 제대로 이해하는 사람이 중국어로 과학을 소개해야 하는 필요성은 오래전부터 존재했다. 하지만 중화권에서 대중들에게 생동감 있게 과학을 소개할 수 있는 저자는 매우 드문 것이 현실이다. 그런데 이 책의 저자인 장톈룽이 바로 그 중 하나다. 장톈룽은 과학의 기능에만 치중하고 과학의 재미는 즐기지 못하는 많은 중국인들의 문제를 개선하는데 도움이 될 만한 문체를 가지고 있다.

장톈룽은 미국에 사는 물리학 박사다. 그녀가 물리를 공부하던 시절은 중국의 청년들이 너도나도 물리학으로 몰려들던 때였다. 나도 원래 물리를 좋아했었지만 의학을 전공했다가 생물학으로 전향한 터라 이 점을 잘 안다.

나는 과학을 좋아하고 다른 학문들을 이해하는 것도 즐긴다. 나 역시 십 수 년간 과학을 소개하는 글들을 써왔기에, 과학지식 보급에 뜻을 둔 장톈룽의 책에 더욱 진심어린 감탄이 나온다. 장 박사의 글은 과학을 속속들이 정확하게 설명하면서 내용이 풍부하고 다채로워 매력적이며 과학지식을 전달하기에 더없이 좋은 자료다.

청소년뿐만 아니라 과학을 사랑하고 지적 호기심으로 충만하며 이성을 존중하는 성인들도 장 박사의 독자가 되기를 바란다.

시간 여유가 없어서 전체를 읽을 수 없다면 이 책을 책꽂이에 꽂아두는 것만으로도 은연중에 친구들에게 영향을 끼칠 수 있을 것이고, 중화권에 과학과 이성을 소개하는 의미 있는 일이 될 것이다.

라오이饒毅 베이징대 교수

신기하고 재미있는 카오스 이야기

에드워드 로렌츠가 1960년대에 데이터를 계산하다가 우연히 카오스의 끌개를 발견한 뒤로, 카오스 이론은 여러 분야에서 빠른 속도로 발전했다. 다양한 모습의 프랙탈과 끌개, 그리고 종잡을 수 없는 '나비효과' 등 때문인지, 사람들은 카오스를 비현실적이며 모호하고 특이한 개념으로 느낀다.

'카오스 이론'을 처음으로 연구한 것은 물리학자지만 이 이론은 정통 물리학의 범주에 속하지 않으며, 물론 정통 수학 이론도 아니다. 카오스 이론은 여러 분야에서 두루두루 응용할 수 있는 변두리 학문이다. 여러 학문의 연구자들은 이 이론을 다양한 방식으로 이해한다. 생물을 하는 사람은 카오스 이론으로 생물체의 구조와 생명의 진화를 분석하고 경제를 하는 사람은 금융과 주식시장의 규칙을 탐색한다. 수학을 하는 사람은 카오스 이론을 비선형이나 미분방정식의 안정성 이론 등과 연결시키곤 한다. 이 책은 물리의 각도에서 출발하여 쉽고 대중적인 언어와 수학적 테크닉을 노련하게 활용해 카오스의 본질을 해부하고 일반화하며, 그로써 다른 학문들이 카오스를 응용할 수 있도록 안내한다.

대중 서적을 쓸 때 중요한 점이 두 가지 있다. 우선 해당 학문을 심도 있게 이해해야 한다. 그런 이해가 없다면 대중 서적을 판타지 소설과 혼동할 수 있다. 또한 문체가 생동감 있고 술술 읽혀야 한다. 그렇지 않으면 간단하게 정리한 교과서에 그치고 만다. 장톈룽 박사는 학문에 조예가 깊을 뿐 아니라 필치도 예리하다. 덕분에 이 책은 과학의 신중함을 유지함으로써 책을 펼치는 독자들에게 유익함을 주고 참된 지식을 선사하는 한편, 심오한 내용을 알기 쉽게 풀어내는 흥미진진한 매력을 마음껏 발산한다.

장톈룽 박사는 '문화대혁명' 속에서 대학을 졸업했고 제1기 과학원 대학원 동기이며, 미국 텍사스대학교 오스틴캠퍼스에서 물리학 박사학위를 취득한 등 나와 경험이 비슷하다. 이 책을 읽다가 감동하여 좁은 견문을 무릅쓰고 서문을 쓴다.

청다이잔程代展 중국과학원 연구원, 박사생 지도교수

프롤로그

'못이 모자라면 편자가 풀리고 편자가 풀리면 군마가 넘어진다. 군마가 넘어지면 기사가 떨어지고 기사가 떨어지면 전쟁에 실패하며 전쟁에 실패하면 국가가 망한다'는 영어 속담이 있다.

소동파는 시에서 '용광사의 대나무 두 장대를 찍어 영북으로 가지고 돌아가 만인에게 보여주고 대나무 사이의 한 방울 조계수가 강서의 십팔 탄을 일으키네研得龍光竹兩竿, 持歸嶺北萬人看, 竹間一滴曹溪水, 漲起江西十八灘'라고 했다.

'작은 실수가 큰 잘못을 초래한다'는 성어도 있다.

이 말들을 현대 과학에서 유행하는 말로 정리하면 '나비효과'다.

'나비효과'가 무엇인가? 이 단어를 처음 사용한 사람은 1960년대에 비선형 작용을 연구하던 미국 기상학자 에드워드 로렌츠다. 원래는 일기예보의 초기 조건에 대한 민감성을 뜻한다. 초기값에서 아주 작은 편차가 엄청난 결과의 차이를 가져온다는 의미다.

일례로 1998년에 태평양에서 발생한 '엘니뇨' 현상을 기상학자들은 대기의 운동이 초래한 '나비효과'라고 말했다. 이를 테면 미국 뉴욕의 나비 한 마리가 날갯짓을 하면 대기 중에 연쇄 사건들을 일으킬 수 있고, 향후 어느 날 중국 상하이에서 폭풍우가 나타날 수 있다.

비유가 조금 지나칠는지도 모르겠다. 하지만 어쨌건 결과가 초기값에 굉장히 민감할 수 있다는 핵심은 정확히 짚었다. 그래서 요즘 여러 업계에서 나비효과를 즐겨 사용한다.

보잘것 없는 작은 변화가 큰 재난을 빚을 수 있다. 유명인의 사소한 사건은 한 사람이 열 사람에게, 열 사람이 백 사람에게 전하면서 완전 딴판인 큰 뉴스거리로 변할 수 있고, 혹자는 이 역시도 '나비효과'에 비유한다.

주식시장에서 컴퓨터를 통해 빠른 속도로 진행하는 프로그램 매매는 온라인 피드백과 조정을 통해 때로는 아주 사소한 나쁜 소식을 전하고 확대함으로써 재난

수준으로 주가를 하락시키고 '블랙 먼데이', '블랙 프라이데이' 등 하루짜리 재앙을 초래한다. 더 심한 경우도 있다. 소규모의 경제적 혼란은 확대되어 거대한 금융 위기로 번질 수 있다. 이때 증권 가에서는 이를 '나비효과'라고 한다.

히틀러가 어린 시절에 큰 병에 걸려 요절했다면 1933년에 2차 세계대전이 일어났겠느냐며 조금 뜬금 없는 비유로 사회 현상 중의 '나비효과'를 설명하는 사람도 있다. 답을 내놓기 어려운 문제지만, 분명한 건 적어도 전쟁이 진행되는 과정은 많이 달랐을 것이다.

'나비효과'라는 말은 많은 문인들과 작가들의 놀라운 상상력을 자극해 SF 소설이나 영화에 이용되기도 한다.

이 원시적인 과학 용어에는 대체 어떤 과학의 신비가 숨어있는 것일까? 나비효과와 관계가 있는 학문 분야는 어떤 것들이 있을까? 그 과학 분야의 영역, 현황과 미래는 어떨까? 어떤 인물들이 활약했을까? 그들은 왜 이렇게 이상한 용어를 만들었을까? 나비효과와 관련된 과학적 사고와 개념이 우리의 일상생활과 정말 관계가 있을까? 그 개념들은 현재 비약적으로 발전하고 있는 첨단 기술에서 어떤 모습으로, 어떻게 응용될까?

꼬리에 꼬리를 무는 이 문제들에서 출발해 스토리텔링의 형식으로 가볍고 즐겁게, 과학기술 분야에서 가장 아름답고 가장 신기한 곳으로 여러분을 안내하려고 한다. 그리고 다채로운 수학과 물리의 세계 중에서도 특히 아름다운 걸작으로 꼽히는 나비효과의 신비, 프랙탈과 카오스 이론을 선보이고자 한다.

이 책을 나의 가족인 남편 장추, 아들 장강, 딸 장이와 장쉬안에게 바친다.

장톈룽

1장

아름다운 프랙탈

프롤로그에서 언급한 나비효과는 과학계에서 새로 떠오르고 있는

카오스 이론과 관련이 있다.[1]

카오스란 무엇인가? 카오스라는 개념을 이해하려면

우선 프랙탈을 이해하는 것이 좋다. 프랙탈은 무엇인가?

프랙탈을 이해하려면 먼저 한 사례에서 시작하는 것이 좋겠다.

그다지 복잡하지도, 간단하지도 않은 프랙탈의 사례인

드래건 커브dragon curve부터 얘기해보자.

흥미진진한
드래건 커브

두 번 접기　　　　네 번 접기

다섯 번 접기　　　여섯 번 접기

그림 1.1.1 종이 접기 과정
참고: 네 개의 그림에서 종이의 길이는 고정적이지 않음.

폭이 좁고 긴 종이의 아래쪽 끝을 위로 올려 위쪽 끝과 만나게 한다. 쉽게 말해 종이를 반으로 접는다. 그 다음 접은 종이를 다시 반으로 접고 또 다시 반으로 접는다. 이렇게 수십 번을 반복한다.

그런 후 종이를 펴서 종이의 옆면을 보면 [그림 1.1.1]과 같이 구불구불한 꺾은선이 생긴다. 꼬마 아이들도 할 수 있는 놀이라고 깔보면 안 된다. 프랙탈, 카오스, 나비효과, 생명의 생성, 시스템 과학 등 현대 과학

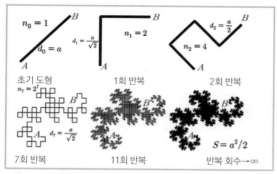

그림 1.1.2 드래건 커브의 생성 과정

기술에서 익히 들어온 명사들을 탐구할 수 있다.

'종이 접기 1 회' 동작을 수학 용어로 표현하면 기하학 도형의 1회 '반복iteration'에 대응할 수 있다. 방금 설명한 종이 '접기'는 한 선분을 '꺾은' 것이다. [그림 1.1.2]를 보면 '초기 도형'을 '1회 반복'하는 과정을 알 수 있다.

여기에서 하나 일러둘 것이 있다. [그림 1.1.2]의 반복 과정은 제일 처음에 언급한 '종이 접기' 놀이와 다른 점이 한 가지 있다. 종이를 접을 때는 종이의 길이가 변하지 않지만 [그림 1.1.2]의 반복 과정에서는 초기 도형의 선분 양 끝점 A 와 B 의 위치를 변하지 않게 고정시켜 놓았다. 따라서 모든 선분을 합친 총 길이(종이의 길이에 대응)가 끊임없이 늘어난다.

[그림 1.1.2]에서 드래건 커브가 만들어지는 과정을 자세히 들여다보면 재미있는 점을 세 가지 발견할 수 있다.

(1) 간단한 반복을 여러 번 진행하면 점점 복잡한 도형이 만들어진다.

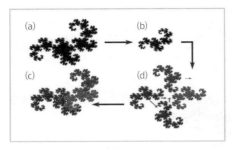

그림 1.1.3 드래건 커브[시의 자기유사성

　

　(2) 점점 복잡해지는 도형은 '자기유사성'을 보인다.
　(3) 반복의 횟수가 적으면 도형은 이리저리 꺾인 '선'처럼 보이며, 반
　　　복의 횟수가 늘어나면서(반복 횟수 → 무한대) 마지막에는 도형이
　　　'면'처럼 보인다.

(1)번의 특징은 한 눈에 파악되므로 더 이상 설명할 필요가 없다.
(2)번의 '자기유사성'은 무슨 뜻일까? 한 도형이 자신과 닮았지만 크기
는 다른 여러 부분들로 구성되었다는 말이다. 사람들이 즐겨 먹는 양
배추가 가장 쉬운 예다. 양배추의 모든 부분은 채소의 전체 구조와 유
사한 '작은 양배추들'로 구성되어 있는 것으로 보인다.
앞에서 종이를 접어 만든 드래건 커브도 이런 '자기유사성'을 지닌다.
[그림 1.1.3]에서 알 수 있듯이 드래건 커브는 더 작지만 모양은 똑같은
네 개의 '작은 드래건 커브들'로 구성되어 있다고 볼 수 있다.[2]

[그림 1.1.3] (a)는 드래건 커브의 원래 도형이다. (a) 그림을 2분의 1로

축소하면 원래 크기의 절반인 그림 (b)가 된다. 도형 (c)에는 방향이 각기 다른 네 개의 작은 도형이 포함되어 있다. 이 네 도형을 빨간 화살표 쪽으로 이동하고 그림 (d)의 모양으로 합치면 그림 (d)가 처음 그림인 (a)와 똑같은 도형이라는 것을 알 수 있다.

이쯤 되면 우리가 설명하려는 도형이 어떤 특징을 지니는지 짐작할 것이다. 또한 도형의 이름인 드래건 커브에서도 조금은 감이 올 것이다. 맞다. 이러한 성질을 지니는 도형을 '프랙탈'이라고 한다.

그러면 왜 '프랙탈'이라는 이름을 붙였을까? 방금 정리한 (3)번의 특징, 즉 드래건 커브는 '선'인가 '면'인가라는 문제와 관련이 있다.

우리의 일상생활 속에는 이미 '점, 선, 면, 체'에 대한 개념이 서 있다. 기하학에서는 이 개념들을 추상적으로 '0차원, 1차원, 2차원, 3차원'이라는 기하학 도형으로 부른다. 그러면 [그림 1.1.2]의 드래건 커브는 1차원의 '선'일까, 아니면 2차원의 '면'일까?

여기에서 기하학 도형의 '차원'이 나왔다. 차원은 엄격한 수학의 개념이므로 느낌에만 의존할 것이 아니라 많은 수학적 논증이 필요하다. 다시 말해서 반복의 횟수가 늘어나 무한대로 향할 때 드래건 커브의 차원이 대체 얼마인지에 대해 곰곰이 연구해봐야 한다.

민수처럼 사고방식이 비교적 전형적인 학생의 경우 드래건 커브는 하나의 선분이 반복적으로 접어져서 생긴 것이라고 말할 것이다. 수학적으로 직선을 접고 또 접어서 만들어 진 것이기 때문이다. 마지막 그림처럼 아무리 여러 번 접어도 확대해 보면 여전히 작은 '선분'들로 구성되어 있으니, 여전히 '선'이고 '1차원 도형'인 것이 당연하니까!

그런데 좀 더 세심하게 관찰하고 고민한 정우가 민수에게 반박했다.

"그렇게 간단한 게 아니야. 봐봐. 마지막 도형 밑에 반복 횟수 → 무한대라고 쓰여 있잖아. '무한대'로 간다는 건 도형을 확대한다고 해서 볼 수 있다는 뜻이 아니야. 상상에 맡길 수밖에 없지. 그리고 모든 일이 '무한대'와 연결되어 있다면 의외의 결과가 나올 지도 모르고……"

"어떤 의외의 결과?" 승우라는 친구가 정우에게 물었다.

정우가 설명했다. "민수가 방금 얘기한 '작은 선분들'을 예로 들어볼게. 직선을 접으면 각각의 작은 선분들의 길이가 d(그림에서 d_1, d_2, … d_n)야. [그림 1.1.2]를 보면 d가 갈수록 점점 작아지는 것을 알 수 있어. n이 무한대로 가면 d는 0으로 가지. 다시 말해서 작은 선분들의 길이가 다 0이야. 그런데 마지막까지 가서 작은 선분들의 길이가 0이 되어도 전체 직선의 길이는 절대 0이 아니잖아. 무한개의 작은 선분을 합쳤기 때문이지. 이것이 바로 내가 무한대로 진행하는 동작에서 의외의 결과가 발생할 수 있다고 말한 이유야……" 정우가 자신만만하게 말했다.

실제로 [그림 1.1.2]처럼 반복을 해나가되 초기 도형에서 선분의 양 끝점(A와 B)의 위치를 고정시키면, 결국은 길이가 0인 무한개의 작은 선분을 합치면 총 길이가 0이 아니라 무한대로 커져간다는 것을 증명할 수 있다. 그래서 정우가 말했다. "내가 보기엔 이 직선을 무한대로 접으면 각각의 작은 선분이 하나의 점으로 변하고, 이 점들이 드래건 커브 도형이 놓여 있는 평면을 완벽하게 채워. 따라서 마지막에 도형은 2차원 도형과 효과가 같을 거야!"

드래건 커브는 1차원 도형일까, 아니면 2차원 도형일까? 민수와 정우는 각자의 의견을 고집하면서 티격태격 했다. 승우가 큰 눈을 깜박거리며 의견을 냈다. 그런데 그 관점이 예사롭지 않았다.

"드래건 커브의 차원은 왜 꼭 두 사람의 말대로 1이 아니면 2이어야 해? 1.2, 1.8이 2분의 3처럼 정수가 아니면 안 되는 거야?"

차원이 정수가 아니라니! 그게 무슨 말인가? 민수와 정우는 그런 말을 들어본 적이 없었고, 사실 승우도 짐작만 할 뿐 '비정수 차원fractional dimengion'이라는 말이 진짜 있는지는 불확실했다. 간단하면서도 복잡한 아름다운 드래건 커브 도형은 세 학생의 호기심과 지적 욕구를 자극했다. 대학교 캠퍼스에서 친구가 된 세 학생, 공대생인 민수, 물리학과의 정우, 생물학을 공부하는 승우는 기하학의 여행길에 올랐다. 그리고 분수 차원의 도형인 '프랙탈'을 서로 다른 시각에서 본격적으로 탐구하기 시작했다.

간단한 프랙탈

"승우 대단하다!" 민수가 말했다. "봐봐, 네가 말한 대로 수학에 정말 비정수 차원이란 게 있다면……"

정작 승우는 실망한 척하며 농담을 했다. "에이, 내가 백 년이나 늦게 태어난 게 아쉽네. 아니면 내가 비정수 차원을 제일 먼저 제기한 사람이었을 건데……"

원래 비정수 차원인 기하학 도형은 1890년에 이탈리아의 수학자인 페아노G. Peano가 제기했다. 당시에 페아노는 기괴한 곡선을 만들었다. [그림 1.2.1]의 방법으로 만든 도형이었다. 이 방법을 써서 마지막에 접근하는 한계곡선은 정사각형 안의 모든 점을 통해 정사각형 전체를 채울 수 있어야 했다. 이 말은 그 곡선이 결국에는 전체 정사각형이라는 것이며, 면적이 있어야 한다는 뜻이다! 이 결론은 당시의 수학계에 충격을 안겨 주었다. 1년 후에 대수학자인 데이비드 힐버트David Hilbert도 동일한 성질의 곡선을 만들었다. 이 곡선의 독특한 성질에 수학계는 불안에 떨었다. 이런 식으로 간다면 곡선과 평면을 어떻게 분간해야 할까? 이 특이한 기하학 도형 앞에서 당시의 고전 기하학은 무력했고 어

그림 1.2.1 페아노G. Peano와 그의 space filling curve

떻게 대처해야 할지 알 수 없었다.

1.1에서 소개한 드래건 커브를 비롯해 이 기괴한 곡선들은 프랙탈의 특수한 예다. 다양한 반복법으로 각양각색의 여러 프랙탈들을 만들 수가 있다. 페아노 이후에 과학자들이 프랙탈을 연구하면서 '프랙탈 기하학'이라는 기하학의 새로운 갈래가 생겼다.

프랙탈fractal은 유클리드 기하학의 원소와 다른 기하학 도형이다. 1.1에서 예로 든 드래건 커브처럼 간단한 프랙탈 도형은 반복법을 통해 쉽게 만들어진다. 드래건 커브 외에 더 간단해 보이는 프랙탈 곡선도 많다. [그림 1.2.2]의 코흐 곡선이 그 예다.

코흐Niels von Koc h, 1870-1924는 스위스의 명문 귀족 가정에서 태어난 스위스의 수학자이다. 코흐의 할아버지는 스위스의 사법관을 지냈고 아버지는 스위스 황실 근위 기병단의 중령이었다. 당시 스위스의 귀족 계층에서는 수학과 철학을 연구하는 것이 유행했다. 현재 세계적으로 잘 알려져 있는 노벨상은 바로 스위스 황실 과학원에서 특별히 꾸린 선정위

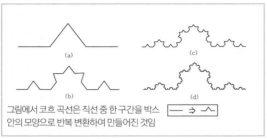

그림에서 코흐 곡선은 직선 중 한 구간을 박스 안의 모양으로 반복 변환하여 만들어진 것임

그림 1.2.2 코흐 곡선의 생성 방법

원회가 심사와 수여를 담당한다. 1887년에 17세였던 코흐는 스톡홀름대학교에 합격했고 유명한 함수론 전문가인 미타그레플러Gösta Mittag-Leffler를 스승으로 모셨다. 당시 스톡홀름대학교는 아직 학위 수여 인가를 받지 못한 상태여서, 그 후 코흐는 다시 웁살라대학교에서 공부했고 이곳에서 문학학사와 철학박사 학위를 받은 후에 스톡홀름 황실 공학원에 수학 교수로 임용되었다.

54년이라는 짧은 생애 동안 코흐는 정수론number theory에 관한 여러 편의 논문을 썼다. 그중에서 가장 뛰어난 연구 성과는 1901년에 증명한 정리로, 리만의 가설이 소수 정리보다 더 강력한 조건을 지닌 형식임을 설명했다. 그러나 세상에서 가장 널리 알려져 있는 코흐의 이 성과, 즉 논문에서 자신의 이름을 붙여 코흐 곡선이라고 소개한 것은 별로 대단할 것이 없는 개념이다.

코흐는 1904년에 '기본 기하학 법으로 만든, 접선이 없는 연속 곡선에 관하여'라는 논문에서 코흐 곡선을 만드는 방법을 설명했다.[3]

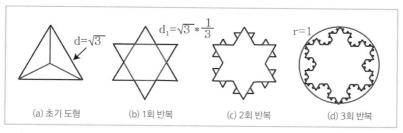

그림 1.2.3 코흐의 눈송이

[그림 1.2.2]처럼 코흐 곡선을 만드는 방법은 다음과 같다. 직선 중간에 한 변의 길이가 3분의 1인 등변삼각형의 양변을 만들어 원래 직선 중간의 3분의 1을 대신하면 (a)가 된다. 이 방법을 (a)의 각 선분에 반복하면 (b)가 되고 (b)의 각 구간에 이 방법을 반복한다. 이렇게 계속 무한 반복하여 생기는 한계곡선이 바로 코흐 곡선이다. 코흐 곡선은 유클리드 기하학의 매끄러운 곡선과는 엄연히 다르다. 코흐 곡선은 곳곳이 뾰족한 점이고 접선이 없으며, 길이가 무한한 기하학 도형이다. 코흐 곡선은 길이가 무한하다. 이 점은 쉽게 증명할 수 있다. 코흐 곡선을 만드는 과정에서 매번 반복과 변환을 할 때마다 곡선의 총 길이가 원래 길이의 3분의 4배가 되기 때문이다. 다시 말해서 1보다 큰 인수를 곱한 것이다. 예를 들어 처음에 직선의 길이가 1이라고 가정하면 [그림 1.2.2] (a)에서 접힌 선의 총 길이는 4 / 3이다. (b) 그림에서 접힌 선의 총 길이는 (4 / 3) × (4 / 3)이고 (c) 그림에서 접힌 선의 총 길이는 (4 / 3) × (4 / 3) × (4 / 3)이다. 이런 식으로 해나가면, 변화의 차원이 무한대로 가면 곡선의 길이도 무한대로 간다.

코흐의 눈송이Koch Snowflake는 등변삼각형의 세 변으로 코흐 곡선을 만들어서 구성된다. [그림 1.2.3]

정우가 [그림 1.2.3]을 가리키며 말했다. "봐봐. 이 코흐 곡선은 모든 부분이 연속적이서 미분을 할 수가……" 말이 끝나기도 전에 승우가 끼어들었다. 승우는 [그림 1.2.3] (b)의 직선을 가리키며 말했다.
"연속적인 것은 맞는데, 난 아무리 봐도 모든 부분을 미분할 수 없는지는 모르겠는데? 이 평평한 삼각형변 위의 직선 부분은 다 미분이 가능한 거 아니야?"
정우는 승우가 혼란스러워 하는 것을 알아채고 웃으며 설명했다.
"좋은 질문이야! 이건 아주 중요한 개념이거든. 우리는 반복법으로 프랙탈을 만들었지만 만드는 과정의 이 그림들은 프랙탈이 아니야. 마지막에 이 무한대로 반복한 최후의 한계 도형만 프랙탈이라고 하지!"
민수가 말했다. "맞아. 그래서 실제로 프랙탈은 무한대라는 한계를 향하기 때문에 그릴 수가 없어."
승우도 이해가 갔다. "그렇군. 까먹지 말자! 그림을 보면서 상상을 해야만……"
본론으로 돌아와서 코흐 곡선들은 연속적이지만 모든 점에서 미분이 불가능한 곡선이고, 곡선들의 길이가 무한대다. 따라서 코흐 곡선 세 개로 구성된 코흐의 눈송이도 전체 둘레가 무한대여야 한다. 그러나 그림에서 볼 수 있듯이 코흐의 눈송이는 면적에 한계가 있는 것이 맞다. 전체 눈송이 도형이 유한한 범위 내로 한정되기 때문이다. 예를 들어 코흐의 눈송이의 면적은 [그림 1.2.3] (a) 중 정삼각형의 면적보다 크고 [그림 1.2.3] (d) 중 빨간색 원의 면적인 π 보다 작아야 한다.

초등 수학을 이용하면 [그림 1.2.3]에서 무한 반복 후 코흐의 눈송이 도형의 면적을 쉽게 구할 수 있다.

A_0을 초기 삼각형의 면적이라고 하고 A_n을 n차 반복을 통해 도형의 면적이라고 하면 아래의 반복 공식을 어렵지 않게 얻을 수 있다.

$$A_{n+1} = A_n + \frac{3 \cdot 4^{n-1}}{9^n} A_0 \quad n \geq 1$$

식 1.2.1

[그림 1.2.3] (b)에서도 1회 반복 후의 도형 면적 A_1을 쉽게 산출할 수 있다.

$$A_1 = \frac{4}{3} A_0$$

식 1.2.2

간단한 대수로 풀어 보면 아래와 같다.

최종적으로 얻는 코흐 눈송이의 면적 :

$$A_{n+1} = \frac{4}{3} A_0 + \sum_{k=2}^{n} \frac{3 \cdot 4^{k-1}}{9^k} A_0 = \left(\frac{4}{3} + \frac{1}{3} \sum_{k=2}^{n} 3 \frac{3 \cdot 4^{k-1}}{9^k} \right) A_0$$ 식 1.2.3

$$= \left(\frac{4}{3} + \frac{1}{3} \sum_{k=2}^{n} \frac{9 \cdot 4^{k-1}}{9^k} \right) A_0 = \left(\frac{4}{3} + \frac{1}{3} \sum_{k=1}^{n} \frac{4^k}{9^k} \right) A_0$$ 식 1.2.4

$$\lim_{n \to \infty} A_n = \left(\frac{4}{3} + \frac{1}{3} \cdot \frac{4}{5} \right) A_0 = \frac{8}{5} A_0$$

식 1.2.5

$$\frac{2s^2 \sqrt{3}}{5}$$

식에서 S는 원래 삼각형의 변 길이이며 $S_2 = 3$이다.

1.3
비정수 차원은
어떻게 나왔을까?

프랙탈에 관해 더 많은 지식을 접한 세 친구는 다시 모여서 1.1에서 남은 문제를 고민하기 시작했다. 비정수 차원은 대체 어떻게 나온 것일까?

민수가 말했다. "고전 기하학에서는 위상수학Topology으로 차원을 정의해. 즉 공간의 차원은 한 변수의 수치와 같아. 예를 들면 우리가 2차원 공간에서 생활한다고 말하는 우리가 필요로 하는 세 개의 수치인 경도, 위도, 고도가 공간에서 우리의 위치를 결정짓기 때문이지. 지구의 한 구면과 같은 2차원 공간은 한 물체의 위치를 확정하는데 두 개의 수치가 필요해. 우리가 어떤 도로에서 차를 운전할 때 차의 위치는 한 개의 숫자, 즉 출구 번호만 있으면 표현할 수 있어. 이것이 1차원 공간의 예지.

위에서 정의한 위상수학의 차원처럼 페아노 도형, 코흐의 눈송이, 드래건 커브와 같은 특이한 기하학 도형을 어떻게 비정수 차원으로 설명할 수 있을까?

차원이라는 개념은 독일의 수학자 펠릭스 하우스도르프F. Hausdorff, 1868-

1942 덕분에 확장됐어. 하우스도르프는 1919년에 차원에 대한 새로운 정의를 내려 차원의 비정수화에 이론적 기초를 제공했어.[7]"

"하우스도르프! 나 그 사람 이야기 읽어본 적 있어. 나중에 자살을 했지……" 세 친구 중에서 제일 어린 승우가 성질 급하게 끼어들었다. "하우스도르프는 위상수학의 창시자야. 2차 세계대전이 시작되자 나치가 권력을 장악했는데 하우스도르프는 유태인이었어. 하지만 자신이 하는 건 순수 수학이고 독일에서는 이미 존경받는 훌륭한 교수여서 박해를 면할 수 있을 거라 생각했지. 그런데 일이 뜻대로 되지 않아서 수용소로 보내지는 운명을 피할 순 없었어. 하우스도르프의 수학 연구도 독일인이 아니라 유태인의 것인, 무용지물이라고 지탄받았고. 1924년에 아내와 함께 독을 먹고 자살했어."

승우의 말이 끝나기도 전에 정우가 가로채서 말을 이었다. "과학자가 정치를 몰라서 빚어진 비극이지. 그래도 하우스도르프의 수학으로 돌아가 보자. 민수 말이 다 맞아. 변수의 숫자는 분수일 수가 없으니까. 그래서 위상수학의 방법으로 정의된 차원에 따르면 당연히 정수가 될 수밖에 없지! 그런데 프랙탈의 차원은 다른 방식으로 정의를……"

정우가 말했다. "사실 프랙탈이라는 이름에 이미 비정수 차원의 오묘한 이치가 들어 있어. 다들 알다시피 고전 기하학에는 1차원의 선, 2차원의 면, 3차원의 체가 있어. 3차원 이내는 현실 물리 세계의 물체에 대응하니까 쉽게 이해가 가는데, 차원이 3이상이 되면 상상력을 좀 발휘해야 해. 예를 들어서 시간이라는 4차원 공간을 추가하는 것처럼. 그런데 어찌 됐든 고전 기하학에서 차원은 늘 정수니까, 고전 기하학의 3차원 공간을 확장해서 생각하고 한 차원 한 차원씩 더하면 되지.

반면 프랙탈 기하학의 차원에는 비정수 차원이 포함돼. 여기에서 프랙탈이라는 이름이 나오기도 했고."

"비정수 차원을 어떻게 정의하고 이해해야 할까? 우선 몇 가지 예를 들어서 차근차근 설명해줄게!" 정우가 우쭐대며 두 후배를 보며 말했다. 정우는 전공이 물리고 두 친구보다 몇 년 공부를 더한 대학교 4학년 학생답게 조리 정연하게 설명했다.

"프랙탈 기하학에서 위상수학의 방법으로 정의한 차원을 자기유사성과 관련이 있는 도량법으로 정의한 차원으로 확장하자. 1.1에서 양배추의 구조와 드래건 커브의 자기유사성을 소개했었지? 사실 고전적인 정수 차원의 기하학 도형도 하나의 선분, 하나의 사각형, 하나의 정육면체처럼 자기유사성을 지녀. 다만 그 자기유사성이 너무 평범하고 눈에 띄지 않아서 사람들이 소홀히 하는 것뿐이지."

승우는 도통 모르겠다는 표정으로 큰 눈을 깜박였다. "형의 말은 선, 면, 체……우리가 흔히 보는 이 정수 차원의 기하학 형상들도 프랙탈이라고 할 수 있다는 거야?"

정우가 고개를 끄덕였다. "물론이지. 당연히 그렇게 되어야지. 실수에 정수가 포함되는 것처럼 확장된 비정수 차원의 정의에도 당연히 정수 차원이 포함되지. 자기유사성으로 어떻게 차원을 정의하는가를 설명할 테니 우선 들어봐……

자기유사성의 대략적인 정의에 따르면 '한 도형은 그 자체로 자기와 비슷하고 크기는 다른 여러 부분들로 구성되어' 있어. 일반 정수 차원 도형의 도량적 차원을 살펴보자.

예를 들어 [그림 1.3.1]을 보자. (a)의 선분은 원래의 선분과 유사하고 길이는 절반인 두 선분을 연결한 것이고 (b)의 사각형은 작은 사각형

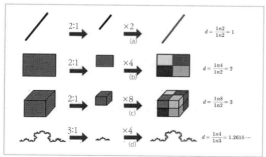

그림 1.3.1 도량법으로 정의한 차원

네 개를 대칭되게 잘라서 만든 것이고, 네 개 모두 원래의 사각형과 유사해. 다시 말해서 사각형 자체가 자신과 유사하고 크기는 4분의 1인 네 개의 부분들로 구성됐다고 볼 수 있어. (c)의 정육면체는 크기가 8분의 1인 여덟 개의 작은 정육면체로 구성됐다고 볼 수 있고. 계속 이 그림을 이용하면 자기유사성으로 정의한 차원을 간단하면서도 직관적으로 이해할 수 있어. 먼저 도형을 $N : 1$의 비율로 축소해. 그 다음에 M 개로 축소한 도형을 합쳐서 원래의 도형을 만들 수 있다면 그 도형의 차원은 d 가 되고 하우스도르프 차원이라고 불러. 즉 이렇게 돼.

$$d = \ln(M) / \ln(N)$$

식 1.3.1

위의 방법으로 직선, 평면, 공간을 분석하면 d = 1, 2, 3이 된다는 것을 알 수 있지. [그림 1.3.1]의 (a), (b), (c)를 봐.

이제 같은 방법으로 코흐 곡선의 차원을 분석할 수 있어. [그림 1.3.1]의 (d)처럼 우선 코흐 곡선의 크기를 원래의 3분의 1로 축소해. 그러면 그 작은 코흐 곡선 네 개로 원래와 똑같은 코흐 곡선을 구성할 수 있어. 따라서 〈식 1.3.1〉에 따르면 코흐 곡선의 차원 $d = l_n(4) / l_n(3) = 1.2618\cdots$ 이로써 코흐 곡선의 차원이 정수가 아니라 소수 또는 분수라는 것이 설명돼……"

"잠깐만, 나는 이 공식으로 이 프랙탈의 차원을 계산해보고 싶어……"

민수가 노트에 펜으로 뭔가를 그리면서 말했다.

1.4
다시 드래건 커브로

그림 1.4.1 시어핀스키 삼각형Sierpinski triangle

두 사람은 민수가 노트에 그린 그림들을 보았다[그림 1.4.1].
민수의 말에 따르면 이것은 또 하나의 간단한 프랙탈로, 폴란드 수학
자인 바츠와프 시어핀스키Wacław Franciszek Sierpinski, 1882-1969 때문에 붙여진 이
름이다. 시어핀스키는 주로 정수론, 집합론과 위상수학을 연구했다. 총
700편 이상의 논문과 50부의 저서를 출간해 폴란드 학술계에서 명망
이 높다[그림 1.4.2].
민수는 자신도 처음에는 아무리 생각해도 차원이 왜 분수가 되는지
이해가 안 됐는데, 나중에 시어핀스키 삼각형이 만들어지는 과정 덕분
에 조금 깨달았다고 했다.
"봐봐, 이 프랙탈은 두 가지 방법으로 만들 수 있어. 하나는 [그림 1.4.1]
처럼 가운데를 없애는 거야. 맨 처음의 첫 번째 도형은 검게 칠한 삼각

그림 1.4.2 시어핀스키를 기념하기 위해 발행한 우표와 시어핀스키 메달

형으로 확연히 2차원 도형이야. 가운데에 삼각형을 파는 반복과 변환을 하면 두 번째 그림이 되지. 그 다음에 계속 파 나가고……

처음에는 아무리 파도 계속 2차원의 작은 삼각형만 많이 만들어질 것이라고 생각했거든. 그래서 도형은 늘 2차원이고…… 그런데 인터넷에서 다른 방법을 찾았어. 역시 시어핀스키 삼각형을 만들 수 있는 방법이야……" 민수는 노트에서 다른 그림을 펼쳐서 [그림 1.4.3] 친구들에게 보여주었다.

이 방법에 따르면 [그림 1.4.3] 왼쪽 첫 번째 곡선에서 반복하기 시작해서 무한대로 반복을 하면 마지막에 시어핀스키 삼각형이 생긴다. 그런데 곡선은 1차원이므로 민수가 처음에 말한 고전적인 생각에 따르면 시어핀스키 삼각형은 1차원 도형이 되어야 한다. 따라서 민수는 어떤 도형의 차원은 고전적인 방식으로 이해하면 바람직하지 않고, 무한대의 반복을 거치면 기하학 도형의 성질이 변하며 차원도 원래 만든 도형의 차원과 달라진다는 점을 깨달았다. 그렇게 보면 시어핀스키 삼각형의 차원은 1과 2사이에 있는 숫자다. 그러면 대체 몇일까? 민수는 정

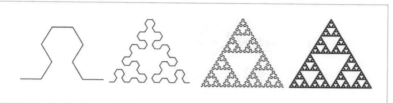

그림 1.4.3 곡선의 반복으로 만든 시어핀스키 삼각형

우가 내놓은 비정수 차원의 계산 공식을 보고 그 분수를 계산하고 싶어서 마음이 급했다.

정우가 설명한 방법대로 민수는 [그림 1.4.1] 또는 [그림 1.4.3] 오른쪽 마지막 그림에서 프랙탈 차원을 계산했다. "봐봐. 도형을 2 : 1의 비율로 축소하고 작은 세 그림을 한 곳에 놓으면 원래 도형과 똑같은 도형을 만들 수 있어." 이 방법으로 민수는 재빨리 시어빈스키 삼각형의 하우스도르프 차원 $d = \ln3 / \ln2 \approx 1.585$를 계산해 냈다.

이제 다시 드래건 커브 차원 연구로 돌아가 보자. 1.1의 [그림 1.1.3]에서 드래건 커브의 자기유사성을 설명했다. 그림을 보면 드래건 커브의 크기를 원래의 절반으로 축소하면 (b) 그림의 작은 드래건 커브가 생긴다. 마지막으로 다시 (c) 그림에서 화살표 방향으로 네 개의 작은 드래건 커브를 이동하면 원래 곡선과 같은 (a) 그림의 드래건 커브가 된다. 따라서 〈식 1.3.1〉에 따라 $d = \ln4 / \ln2 = 2$이므로 드래건 커브의 하우스도르프 차원은 2임을 증명할 수 있다.

또 하나의 구체적인 예가 있다. 무한대의 반복을 거쳐 도형의 성질이 변

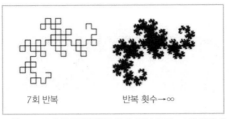

7회 반복   반복 횟수→∞

그림 1.4.4 유한 반복에서 무한 반복으로 : 1차원에서 2차원으로 바뀜

하면 하우스도르프 차원은 1차원에서 2차원이 된다. 다시 말해 [그림 1.4.4]는 선을 몇 번만 접었다가 무한대로 접은 결과다. 이로써 접은 선은 2차원 공간으로 채워져 오른쪽 그림의 2차원 도형이 된다.

흥미로운 것은 [그림 1.4.5]처럼 드래건 커브 도형의 경계선도 반복법으로 만들어진 프랙탈이라는 사실이다. 이제 드래건 커브 경계선의 하우스도르프 차원을 계산해 보자.

[그림 1.4.5]에서 알 수 있듯이 드래건 커브 전체의 경계선은 네 개의 유사한 도형으로 만들어진다. 이 프랙탈의 차원을 계산하는 방법은 조금 복잡하다. 프랙탈 차원 d 는 아래의 방정식으로 구할 수 있다.[3]

드래건 커브와 다른 몇 가지 간단한 프랙탈을 통해서 프랙탈을 알아보고 비정수 차원을 이해해 보았다. 프랙탈 기하학은 카오스의 개념과 비선형 동역학을 이해하는 토대로, 현대 과학기술에서 광범위하게 응용되고 있다.

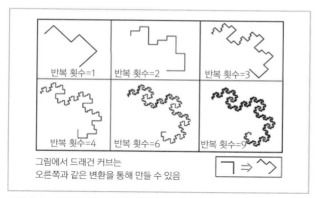

그림 1.4.5 드래건 커브 경계선이 만든 프랙탈

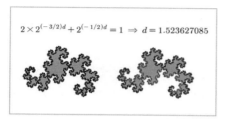

$$2 \times 2^{(-3/2)d} + 2^{(-1/2)d} = 1 \;\Rightarrow\; d = 1.523627085$$

그림 1.4.6 자기유사성을 지니는 네 도형으로 만들어진 드래건 커브의 경계선

자연 속의 프랙탈

앞에서 말한 내용을 정리하면 프랙탈은 다음과 같은 특징이 있는 도
형이다.

> (1) 프랙탈은 자기유사성이 있다. 앞의 두 예에서 볼 수 있듯이 프랙탈
>   은 자신과 유사하고 크기는 다른 여러 부분들로 구성된다.
> (2) 프랙탈은 무한대의 차원을 지닌다. 프랙탈의 어떤 차원에서든 더
>   정교한 다음 차원의 존재를 볼 수 있다. 프랙탈 도형은 세부적인
>   부분을 무한히 가지고 있어서 계속 확대해도 항상 구조가 있다.
> (3) 프랙탈의 차원은 분수일 수 있다.
> (4) 프랙탈은 보통 간단한 되풀이와 반복으로 만들 수 있다.

프랙탈은 간단한 반복법으로 만들 수 있기 때문에 컴퓨터가 발전하면
서 프랙탈 연구는 최적의 여건을 갖추게 됐다. 예를 들어 여러 개의 초
기 도형과 생성원, 즉 반복법을 정해놓고 컴퓨터로 여러 번 변환하면
다양한 2차원 프랙탈을 손쉽게 만들 수 있다[그림 1.5.1].

그림 1.5.1 컴퓨터로 만든 나뭇잎 모양 프랙탈 그림

"잠깐!" 이번에는 승우가 소리쳤다. 승우는 프랙탈 프로그래밍을 설명하고 있는 민수의 말을 자르고 가방에서 사진 한 장을 꺼내 두 친구에게 보여주며 흥분해서 말했다.

"내가 작년 여름방학 때 어메이산에 가서 찍은 고사릿과 식물의 사진이야. 봐봐, 오른쪽의 고사릿과 식물의 잎이 방금 민수 형이 컴퓨터 반복법으로 그린 프랙탈과 엄청 비슷해!"

셋이 비교를 해보니 승우의 사진 [그림 1.5.2]은 민수가 만든 프랙탈과 정말 비슷했다.

"잠깐! 잠깐만!" 승우가 다시 가방에서 더 많은 사진들을 꺼내며 말했다.

"더 놀라운 자연 사진이 많아! 사실 아름다운 프랙탈 패턴은 자연계 곳곳에 존재해. 난 어릴 때부터 자연의 아름다움을 좋아해서 동물과 식물의 구조에서 감탄스런 도형들을 찾아내곤 했고, 지난 몇 년간 흥미로운 사진들을 꽤 찍었어. 처음에는 그저 자연이 참 신기하다고만 생각했는데 그게 프랙탈이라는 걸 이제야 알았네……"

고사릿과 식물의 가지와 잎

그림 1.5.2 고사릿과 식물

[그림 1.5.3]은 승우가 찍은 사진 중 일부다. 우리가 흔히 보는 꽃과 풀, 하늘의 번개, 조개껍데기의 패턴형 구조도 있고 고목의 마른 가지도 있었다⋯⋯

승우는 오늘 모임에서 주인공이 되어 신이 났고 프랙탈의 개념을 자신의 전공인 생물과 연계시킬 수 있어서 더 뿌듯했다. 승우는 친구들에게 요 며칠간 그 사진들과 프랙탈 지식을 공부하면서 깨달은 사실을 알려주었다. 전통적인 유클리드 기하학에서 설명하는 매끄러운 곡선, 곡면에 비해 프랙탈 기하학이 자연에 존재하는 많은 광경들의 복잡성을 더 잘 반영한다는 점이다. 이제 프랙탈 기하학을 이해하면 주변의 모든 것을 대하는 시각이 예전과 달라질 터였다. 주위의 세상을 자세히 들여다보면 프랙탈과 비슷한 사물들을 심심치 않게 발견할 수 있다. 높았다 낮아졌다 하며 끊임없이 이어지는 산들, 하늘에 모였다 흩어지는 흰 구름, 작게는 여러 식물의 구조와 형태나 인체 전신에 가로 세로로 교차하며 퍼져있는 혈관들은 모두 어느 정도씩 프랙탈의 특징을 드러낸다. 이젠 더 이상 산이 원뿔형으로 보이지 않고 구름이 단순한 타원

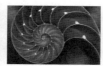

그림 1.5.3 자연속의 프랙탈

형으로 보이지 않는다. 겉모습은 단순해 보이지만 그 속에는 복잡하고 자기유사성이 있는 단계별 구조가 있다. 예를 들어 유클리드 기하학은 추상적인 숫자 모델로 가장 대략적으로 자연의 근사치를 제공하는 반면, 프랙탈 기하학은 더 정교하게 자연을 묘사한다. 프랙탈은 자연의 기본적인 존재 형식으로, 없는 곳이 없고 어느 곳에서나 볼 수 있다.

"한 가지 질문이 있어." 민수가 끼어들었다. "자기유사성이 프랙탈의 특징이라고 하지 않았어? 내가 컴퓨터로 만든 몇 가지 도형들은 엄연히 자기유사성이 있거든. 그리고 두 사람이 봤던 코흐 곡선, 시어핀스키 삼각형처럼 간단한 프랙탈들도 자기유사성이라는 조건에 맞고. 하지만 승우가 보여준 자연의 걸작들은 자기유사성이 그렇게 엄격하지 않잖아. 왜 그런 거지?"

정우가 웃었다. "에고, 민수는 누가 기계공학 전공자 아니랄까봐, 문제를 고민할 때 항상 엄격성을 따지네. 자연은 사람이 만든 기계가 아니잖아. 그 속에는 우연적인 요소도 엄청 많고……"

"프랙탈의 조상인 브누아 만델브로Benoit Mandelbrot의 이야기 들어봤지……" 정우가 승우의 사진 중 해안선 사진을 가리키면서 프랙탈에 관한 역사들을 쏟아내기 시작했다.

"19세기부터 이미 여러 고전파 수학자들이 횟수를 늘려가며 반복해서 만들어진 도형(코흐 곡선 등)에 흥미를 갖고 연구를 하기 시작했어. 하지만 프랙탈 기하학이라는 개념이 세워지고 발전한 것은 최근 20~30년 사이의 일이야. 1973년에 미국 IBM사의 과학자인 브누아 만델브로가 프랑스 학사원L'Institut de France에서 강의를 하면서 프랙탈 기하학이라는 개념을 처음 제기했고, 이어서 프랙탈이라는 단어를 만들었어. 당시에 만델브로가 사용한 것이 바로 해안선의 예였지. '영국 해안선의 길이는 얼마인가?'라는 별 뜻 없어 보이는 문제를 제기했어.

영국 해안선의 길이는 대체 얼마냐고? 사람들은 생각할 필요도 없다는 듯이 이렇게 대답했을 거야. "정확하게 측정하면 수치가 나오겠지." 물론 답은 측정 방법과 그 방법을 사용해 측정 한 결과에 달려 있겠지. 그런데 문제는 크기가 상이한 도량 기준으로 측정을 하면 매번 완전히 다른 결과가 나온다는 거야. 도량 기준의 척도가 작을수록 측정하는 해안선의 길이는 길어지잖아! 이건 당연히 일반적인 매끄러운 곡선에는 없는 특성이고. 오히려 우리가 앞에서 그린 코흐 곡선과 조금 비슷해. 코흐 곡선의 길이를 한 번 측정해 봐! [그림 1.2.1]을 보면 그림 (a)의 곡선 길이를 1로 정할 경우 그림 (b), 그림 (c), 그림 (d)의 곡선 길이는 각각 4 / 3, 19 / 9, 64 / 27로 길이가 점점 길어지면서 무한대에 이르지. 여러 기준으로 해안선을 측정하는 상황과 비슷해. 다시 말해서 해안선을 측정하는 척도가 작을수록 측정되는 길이가 점점 커지고, 유한하고 고정적인 결과로 좁혀지지 않아."

그림 1.5.4 유한 확산 집합체

민수도 이해가 간다는 얼굴이었다. "아, 해안선의 길이는 측정하는 척도가 줄어들면 무한대로 향하는구나!"

정우가 이어서 말했다. "민수의 말이 맞아. 해안선은 확실히 우리가 앞에서 예로 든 선형 프랙탈과는 달라……

그러나 사실 해안선과 코흐 곡선은 매우 비슷해. 과학자들은 우리가 말했던 비정수 차원 계산법과 횟수를 늘려가며 영국 해안선을 측정해 얻은 결과를 응용해서 영국 해안선의 비정수 차원을 산출해냈는데, 대략 1.25였어. 이 숫자는 코흐 곡선의 비정수 차원에 근접해. 따라서 영국 해안선은 프랙탈이며 어느 구간이든 길이가 무한대야. 뜻밖이지? 정말 놀라운 답이야."

이날 민수가 제기했던 문제를 다음 모임에서 정우가 다시 자세하게 설명했다. 정우의 말에 따르면 앞에서 토론했던 프랙탈의 예들은 모두 곡선형을 반복해서 만들어진 것들이다. 그것들이 지닌 자기유사성을 선형 자기유사성이라고 한다. 즉 원래의 도형에 축소, 회전, 반사 등 선형 변환을 거치면 다시 원래의 도형으로 조합할 수 있다. 이렇게 간단한 선형 반복법뿐 아니라 프랙탈을 만드는 데는 중요한 방법이 두 가지 더 있다. 첫째는 확률과정stochastic process과 관련이 있다. 즉 선형 반복과 확률 과정을 결합한다. 두 번째는 비선형을 사용하는 반복법이다.

해안선, 산봉우리, 구름 등 자연계에서 흔한 프랙탈은 확률과정으로 만들어진 프랙탈에 더 가깝다. 확률과정과 중요한 관계가 있는 프랙탈 이 바로 [그림 1.5.4]와 같은 프랙탈이며 유한 확산 집합체diffusion-limited aggregation라고 한다. 이 프랙탈 모델은 사람들이 흔히 접하는 번개의 형 성 및 돌의 잔금무늬 등 현상을 설명하는데 종종 사용한다.
확률과정으로 만들어진 프랙탈의 차원이나 비선형 반복 프랙탈의 차 원을 계산하려면 선형 프랙탈 차원을 계산하는 것처럼 간단하지가 않 다.

1.6

프랙탈의
아버지

아름다운 모습으로 예술가들을 매료시키는 프랙탈은 대부분 비선형 반복법으로 만들어진 것들이다. 이를 테면 수학자 만델브로의 이름을 딴 만델브로 집합이 바로 비선형 반복법으로 만든 프랙탈이다.

베누아 만델브로_{Benoît B. Mandelbrot, 1924-2010}는 미국의 수학자인 셈이다[그림 1.6.1]. 폴란드 – 리투아니아의 유태인 가정에서 태어났지만 12세에 전 가족이 파리로 이민을 한 뒤로 반평생을 내내 미국에서 보냈다. 만델브로는 기성복 도매업자와 치과 의사의 아들이었다. 유년 시절에 수학을 좋아해 기하학에 빠졌고 나중에는 연구의 범위가 굉장히 폭넓어서 면화의 가격, 주가의 등락, 언어 중 어휘의 분포 등을 연구했다. 물리, 천문, 지리에서 경제학, 생물학까지 두루 섭렵했다. 계속 IBM에서 연구했고 하버드에서 경제를 가르친 적도 있으며 예일에서 공학을, 알버트 아인슈타인 의과대학에서는 생물학을 가르쳤다. 어쩌면 서로 아무 관계도 없는 듯하고 보기에는 교차하는 부분이 없어 보이는 여러 영역을 연구한 경험 덕분에 다양한 학문을 넘나드는 프랙탈 기하학을 만들 수 있었던 것 같다.

그림 1.6.1 대중 강연을 하고 있는 만델브로

1975년 여름, 어느 고요한 밤에 만델브로는 우주학 연구 영역에서 접한 통계 현상에 대해 생각하고 있었다. 1960년대부터 무질서하고 갈피를 잡을 수 없어 보이는 통계분포 현상이 만델브로를 당혹스럽게 만들기 시작했다. 인구의 분포, 생물의 진화, 천문 현상과 지형, 금융과 주식에 모두 그런 모습이 있었다. 1년 전에 만델브로는 우주 중 항성의 분포(칸토르의 먼지 등)를 두고 수학 모델 하나를 제기했다. 이 모델을 사용하면 올버스의 역설Olbers' paradox을 설명할 수 있으므로 빅뱅이론에 의존할 필요가 없었다. 그런데 이 새로운 분포 모델은 적당한 이름이 아직 없었다. 이 통계 모델은 뭐와 비슷할까? 1938년에 체코의 지리인구학자인 Jaromír Korčák이 발표한 논문 〈두 종류의 통계분포〉에서 제기한 현상과 조금 비슷한 부분이 있었다. 만델브로는 골똘히 생각하면서 아들의 라틴어 사전을 이리저리 뒤적였다. 갑자기 라틴어 단어가 하나가 눈에 확 들어 왔다. 'fractus'. 이 단어에 대한 사전의 설명은 만델브로의 머릿속에 떠다니던 생각과 약속이나 한 듯이 꼭 맞아떨어졌다. '분리된, 규칙이 없는 조각'. "좋아! 그게 바로 분리되고 규칙이 없고 이리저리 흩어져 있는 조각이잖아!" 프랙탈이라는 명사는 이렇게 탄생했다.

이후 만델브로는 다시 만델브로 집합을 연구하고 설명했다. 흩어져 있는 조각에서 발견한 '프랙탈의 아름다움'으로 우리의 세계관을 바꿨고 대중에게 프랙탈 이론을 소개하여 프랙탈을 연구한 성과를 널리 알리려고 힘썼다. 이로써 만델브로는 20세기 후반에 흔치 않게 광범위하고 깊은 영향을 미친 과학 위인이라는 영예를 얻었다. 1993년에는 미국국립과학아카데미 회원으로서 울프 물리상을 받았다.

세 친구는 1975년에 만델브로가 출간한 《자연의 프랙탈 기하학》으로 화제를 옮겼다. 프랙탈 이론과 카오스 이론에 수학적인 기초를 마련해준 책이다. 학술계 안팎의 독자들이 프랙탈을 이해하기에 좋은 책이기도 하다. 승우는 시를 낭독하듯이 책속의 문장을 읽었다.[7]

"구름은 구가 아니고 산은 원뿔이 아니며 해안선은 원이 아니다. 나무껍질은 매끄럽지 않고 번개는 직선으로 움직이지 않는다. 그것들은 무엇인가? 그것들은 간단하면서도 복잡한 '프랙탈'이다……"

정우가 웃으며 말했다. "지금은 만델브로를 '프랙탈의 아버지'라고 부르지만 당시 만델브로가 연구한 흩어짐, 조각 등의 현상은 인기 있는 전공이 아니었어……"

그래서인지 만델브로는 자신을 학술계의 '유목 민족'이라고 부르곤 했다. 만델브로는 오랫동안 인기 없는 수학의 구석진 모퉁이에 머물면서 아무런 관계가 없는 듯한 정통 학문들 사이의 좁은 골목을 고생스럽게 누비며 조각에서 규칙을 찾고 공집합에서 진리를 발견하려고 시도했다. 만델브로의 작업에 코웃음을 치며 그가 한 일이라곤 프랙탈에 이름을 지어준 것이 전부라고 생각하는 사람도 있었다고 한다.

소위 정통 수학학자라는 사람들은 "그 사람을 무슨 학자라고 해도 되지만 수학자는 될 수 없다"고 비웃었다. 왜 그랬을까? "그가 쓴 대부분의 대작을 뒤져봐도 그럴듯한 수학 공식을 찾을 수 없기 때문"이었다. 박학다식하다고 자처하는 전문가들은, 과학의 발전을 이끈 것은 언제나 잡다한 공식이 아니라 훌륭한 사상이었고, 수학도 마찬가지라는 점을 알지 못했다.

훗날 반례들이 새로운 학문으로 빠르게 발전했고 작은 계류들이 점점 주류로 녹아들면서 프랙탈 기하학, 그리고 그와 관련이 있는 비선형 이론이 과학과 사회 곳곳에 두루두루 영향을 미쳤다. 심지어 수학을 뛰어넘고 학술계의 범주를 넘어섰다. 중국인들이 하는 말이 있다. "다른 산에서 나는 거친 돌이라도 옥을 가는 데 쓸 수 있다他山之石, 可以攻玉." 만델브로는 '세계에 대한 인류의 인식을 바꾼 획기적인 인물'이라고 해도 과언이 아니다. 프랙탈 기하학이라는 돌로, 각 학문 중 그것과 관련이 있지만 공략하기는 어려운 옥을 열심히 두드린 프랙탈 아버지의 이야기는 학문을 하는 이들에게 시사하는 바가 매우 크다.

유명한 이론물리학자 존 휠러John Archibald Wheeler는 만델브로의 저서를 높이, 그러면서도 날카롭게 평가했다. "오늘날 프랙탈을 이해하지 못하면 과학 문화인이라고 할 수 없다." 또 이런 말도 했다. "자연의 프랙탈 기하학 덕분에 우리의 시야가 광활해졌다. 프랙탈 기하학의 발전은 새로운 사상을 만들 것이고, 새로운 사상은 새로운 응용을 이끌 것이며 새로운 응용은 다시 새로운 사상을 만들 것이다……" 프랙탈 그 자체와 마찬가지로, 프랙탈을 따라 생긴 새로운 관념과 새로운 응용이 계속 반복해서 끊임없이 나타날 것이라는 뜻이다.

2010년 10월 14일에 만델브로는 췌장암으로 투병하다가 향년 85세의 나이로 미국 매사추세츠 주의 케임브리지Cambridge에서 편안히 눈을 감았다. 만델브로가 세상을 떠난 후 사르코지 프랑스 대통령은 '세상 사람들을 깜짝 놀라게 할 혁신적인 추측에 겁을 먹고 물러나는 법이 없었던 강하고 독창성이 풍부한 두뇌'를 가진 사람이었다고 칭했다.

1.7
악마의 집합체
– 만델브로 집합

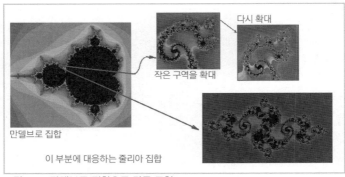

다시 확대

작은 구역을 확대

만델브로 집합

이 부분에 대응하는 줄리아 집합

그림 1.7.1 만델브로 집합으로 만든 도형

[그림 1.7.1]의 만델브로 집합은 인류 역사상 가장 기이하고 가장 아름다운 기하학 도형이라고 할 수 있으며 '하나님의 지문', '악마의 집합체'라고 불린다.

민수가 도서관의 컴퓨터 옆에 서서 두 친구에게 자신이 작성한 만델라 집합 컴퓨터 프로그램을 소개하고 있다. 승우는 갑자기 눈이 초롱

초롱해지더니 흰 원피스를 입은 예쁜 여학생에게 시선을 꽂았다. 승우는 그 여학생의 이름이 인영이이며 얼마 전에 입학한 음악과 신입생이라는 것을 알고 있었다. 눈썰미가 있는 승우는 여학생이 목에 느슨하게 두르고 있는 화려한 스카프를 눈여겨보고 두근거리는 마음으로 다가가 말을 걸었다.

"인영아, 나는 승우라고 해. 미안한데…… 네 스카프 좀 빌릴 수 있을까? 친구들에게 보여주려고. 그 스카프의 무늬가 내 친구가 방금 컴퓨터로 만든 도안과 많이 비슷하거든!"

"정말?" 인영이는 호기심 어린 눈을 동그랗게 뜨고 승우를 따라 컴퓨터 쪽으로 갔다. '줄리아 집합Julia set'이라고 하는 모니터의 그림은 정말 자신이 두르고 있는 스카프의 무늬와 비슷했다[그림 1.7.2]. 도서관에서 공부를 하던 다른 몇몇 학생들도 둘러서서, 컴퓨터로 만들어 마음대로 확대할 수 있는 신기한 도형을 감상했다. 몇 배를 확대해도 계속해서 더 복잡한 부분이 있을 것처럼 도안의 구조는 무한하 게 변환했고, 코로나corona 같은 곳도 있고 불타는 화염 같은 곳도 있었다. 부분을 확대하면 전체와 다르기도 하고 어느 정도 비슷한 곳도 있었다. 한 학생이 민수에게 말했다. "와, 대단하네요. 이렇게 복잡한 도형을 그리려면 프로그램을 작성하기가 어려웠을 텐데……"

그런데 민수가 말했다. "신기하게도 이 프로그램은 조금도 어렵지 않았어요. 몇 시간 만에 완성했는걸요. 사실 이 아름답고 복잡하면서 무한하게 변환하는 도형은 아주 간단한 비선형 반복 공식에서 나왔어요."

$$Z_{n+1} = Z_n^2 + C \hspace{4cm} \text{식 1.7.1}$$

비선형 반복이란 무슨 의미일까? 정우가 민수에게 책상 옆에 있는 칠

그림 1.7.2 만델브로-줄리아 도형으로 설계한 스카프 무늬
[그림 1.7.1] 오른쪽 아래 그림의 줄리아 집합과 유사

판에다 학생들에게 만델브로 집합과 민수의 프로그램을 소개해달라고 제안했다.

"〈식 1.7.1〉에서 Z 와 C 는 모두 복수예요. 복수들은 평면상의 한 점으로 표현할 수 있잖아요. 예를 들어 x 좌표는 실수 부분을 나타내고 y 좌표는 허수 부분을 나타내죠. 처음에는 평면에 C 와 Z_0 이라는 두 개의 고정된 점이 있었고 Z_0 은 Z 의 초기값이에요. 쉽게 이해하기 위해서 $Z_0 = 0$ 이라고 하면 $Z_1 = C$ 가 되죠. 매번 Z 의 위치를 밝게 표시합니다. 즉 처음에 평면상의 원점이 하이라이트 부분이고 1회 반복 후 하이라이트가 C 로 이동해요. 그 다음에 〈식 1.7.1〉에 따라서 Z_2 를 계산할 수 있죠. $C \times C + C$ 가 되겠고 하이라이트가 Z_2 로 이동합니다. 다시 Z_3, Z_1…… 이렇게 계속 계산해요. 앞에서 얘기한, 도형으로 선형 반복을 진행하는 것과 같이요. 다만 이번 반복은 복수 계산을 해야 했고, 선형이 아니라 제곱 연산에 적용한 것뿐이에요. 그래서 비선형 반복이라고 해요.

반복을 거듭하면서 복수 Z 를 대표하는 하이라이트의 평면상 위치가 끊임없이 바뀝니다. Z_0 부터 시작해서 Z_1, Z_2, $\cdots$, Z_k 로 하이라이트가 널뛰기를 하죠. 이 점프에 어떤 규칙이 있는지는 간파하기가 어렵지만 우리의 관심사는 반복의 횟수인 k 가 무한대로 커질 때 하이라이트의 위치는 어디가 될지입니다.

좀 더 확실하게 말해서 우리의 관심사는 한 가지예요. 무한대로 반복을 해나가면 하이라이트의 위치는 두 경우 중 어느 쪽으로 갈까? 한정된 범위 내에서 돌아다닐까? 아니면 무한히 먼 곳으로 가서 시야에서 사라질까? Z 의 초기값이 원점에 고정되어 있기 때문에 무한 반복할 때 Z 의 행동은 복수 C 의 수치에 달려 있어요.

이렇게 하면 만델브로 집합의 정의를 도출할 수 있어요. 무한 반복된 모든 결과로 유한한 수치인 복수 C 의 집합을 유지해서 만델브로 집합을 구성할 수 있다는 것이죠. 컴퓨터에서 만든 [그림 1.7.1]에서 오른쪽 아래 그림을 보면 검은색으로 표시한 부분이 바로 만델브로 집합이에요."

이때 정우가 끼어들어서 민수가 말한 '무한대'에 관해 몇 마디 거들었다.

"컴퓨터에서 반복을 하면 횟수를 무한대로 할 수가 없어요. 그래서 실제로는 k 가 일정 숫자에 도달하면 무한대인 것으로 간주하죠. Z 가 유한성을 유지하는지 여부를 판단하는 것도 같은 뜻이에요. Z 와 원점의 거리가 특정 크기의 수를 초과하면 무한대로 멀어졌다고 보는 것이죠."

승우와 인영이는 컴퓨터 옆에 앉아서 호기심 가득하게 만델브로 그림을 확대하고 또 확대했다. 미세했던 부분이 끊임없이 확대되는 이미지를 보던 한 학생이 민수에게 물었다. "방금 그림에서 검정색 부분이 만델브로 집합에 해당한다고 했는데, 이렇게 커진 그림에서는 검은색 부분과 그 밖의 부분이 한데 섞여 있는 걸로 보여요. 이 만델브로 집합은 명확한 경계가 없는 것 같은데요."

정우가 웃었다. "정확하게 말했어요. 만델브로 집합의 경계는 놀랄 정도로 복잡한 구조를 가지고 있어서 분명한 경계를 볼 수 없어요. 만델브로 집합에 해당하는 부분과 해당하지 않는 부분은 평범하지 않은 방식으로 섞여 있어요. 네 안에 내가 있고 내 안에 네가 있는 식이죠. 검은색과 흰색의 경계가 불분명해요. 이것이 프랙탈의 특징이기도 하고요……"

또 다른 학생이 물었다. "그럼 질문 하나 더 할게요. 만델브로 집합과 만델브로 집합이 아닌 부분을 검은색, 흰색 두 색깔만으로 충분히 구분할 수 있다면 왜 그렇게 다양한 색을 사용한 거죠?"

민수는 여러 색깔이 어떻게 생긴 것인지를 칠판에 설명했다. "우리는 다양한 C 값을 설정하고 Z 는 0부터 반복하기 시작했죠? 만약 여러 번 반복(예를 들어 64회)을 한 후에 원점으로부터 Z 의 거리 D 가 100보다 작다면 이 C 값은 만델브로 집합에 해당하는 것으로 판단하고 이 C 부분을 검은색으로 칠해요…… 한편 다른 색깔들은 무한대로 반복한 후의 결과가 무한한 여러 차원으로 향하는 것을 표시할 수 있어요. 예를 들어서 마지막의 원점으로부터 Z 의 거리인 D 가 100보다 큰 Z_0 부분들은 이렇게 색을 칠할 수 있어요.

$500 > D > 100$ 이면 C 부분을 초록색으로 칠하고

$1000 > D > 500$ 이면 C 부분을 파란색으로 칠하고

$1500 > D > 1000$ 이면 C 부분을 빨간색으로 칠하고

$D > 500$ 이면 C 부분을 노란색으로 칠하고……

이렇게 하면 여러 가지 색의 아름다운 만델브로 도형이 만들어지겠죠?"

학생들이 만델브로 집합의 아름다운 프랙탈을 더 편하게 공부하고 감상할 수 있도록 하기 위해서 민수는 자신이 만든 프로그램이 있는 사이트의 주소도 보여주었다.

줄리아 이야기

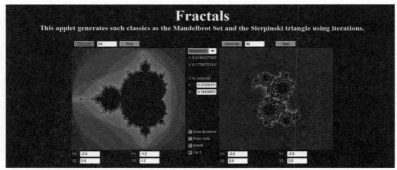

그림 1.8.1 왼쪽 그림은 만델브로 집합, 오른쪽은 만델브로 도형에서 (x=0.379, y=0.184) 지점에 대응하는 줄리아 집합

승우는 만델브로 집합의 각 구역을 이리저리 확대했지만 맨 처음에 민수가 보여주었던 인영이의 스카프와 비슷한 도안을 찾을 수가 없었다. 그러던 중에 인영이가 승우에게 일러주었다. "그 그림은 만델브로 집합이 아니라 줄리아 집합이라고 하는 것 같은데……"[그림 1.8.1]

줄리아 집합은 뭘까? 이번에는 민수 대신 정우가 소개했다.

정우가 마우스로 화면 왼쪽의 만델브로 도형에 대충 클릭을 하니[12] 오른쪽에 바로 아름다운 도형이 나타났다. 정우는 학생들에게 이것이 마우스를 클릭한 지점에 대응하는 줄리아 집합이라고 알려주었다. 그런 후에 마우스로 다른 지점을 한 번 클릭했더니 오른쪽 그림이 바로 변했다. 마우스 위치를 바꿀 때마다 도형이 한 번씩 변했다.

바꿔 말하면 만델브로 도형의 모든 지점들은 각기 다른 줄리아 집합에 대응하고, 줄리아 집합과 만델브로 집합은 서로 '친척'이라고 할 만큼 밀접한 관계가 있다.

그러면 만델브로 도형의 지점들은 무엇일까? 1.7에서 설명했듯이 반복 〈식 1.7.1〉 중 다양한 C 값을 대변한다. 따라서 C를 하나 정하면 하나의 줄리아 집합을 만들 수 있다. 정말로 줄리아 집합은 만델브로 집합과 같은 비선형 반복 〈식 1.7.1〉으로 만든다.

$$Z_{n+1} = Z_n^2 + C \qquad\qquad \text{식 1.7.1}$$

다른 점이 있다면 만델브로 집합을 만들 때는 Z의 초기값을 원점에 고정하고 C의 여러 색으로 궤도의 다양한 발산성을 표시하는 반면, 줄리아 집합을 만들 때는 C 값을 고정하고 Z의 초기값 Z_0으로 궤도의 여러 발산성을 표시한다.

줄리아와 만델브로의 이름은 늘 붙어 다니지만 두 사람은 다른 시대의 사람이다. 줄리아는 프랑스의 수학자1893-1978로 만델브로보다 30년이나 먼저 고인이 되었다. 만델브로는 2010년에야 세상을 떠났다. 두 사람 모두 고령인 85세까지 살았고 만델브로는 프랙탈의 아버지라는 영예를 얻으며 많은 사람들에게 성과를 인정받았다. 그러나 만델브로가 이름을 알리기 훨씬 전에 줄리아는 이미 일반 유리함수 줄리아 집

그림 1.8.2 프랑스 수학자 줄리아

합의 반복성을 면밀히 연구했다.

줄리아의 일생은 즐거움과 근심이 반반이었다. 특히 청년 시절에는 갖은 고생과 괴로움에 시달렸다. 알제리에서 태어난 줄리아는 8세 때 처음 초등학교에 입학하자마자 바로 5학년 과정에 들어갔고 얼마 안 있어 반에서 가장 우수한 학생이 되었다. 신동이나 천재라고 부를 만했다. 18세 때는 장학금을 받고 파리에 가서 수학을 공부했다. 하지만 이 어린 친구에게 삶은 그다지 녹록치 않았다. 특히 프랑스가 1차 세계대전에 휘말리면서 21세인 줄리아는 1차 전투에 참전해 얼굴에 총알을 맞고 중상을 입었고 코가 날아갔다.

여러 번 고통스런 수술을 했지만 줄리아의 얼굴은 원상태로 돌아오지 않았고, 그래서 줄리아는 늘 얼굴에 가죽 덮개를 쓰고 다녔다. 하지만 굳은 의지로 수학 연구에 몰입하여 병원 병실에서 지낸 몇 년 동안 박사 논문을 완성했다. 1918년은 줄리아의 재난이 끝나고 운이 트인 해였다. 이 해에 25세였던 줄리아는 〈순수 수학과 응용 수학〉이라는 잡지에 199페이지나 되는 걸작인 함수 반복을 발표함으로써 단번에 이름을 날렸다. 또한 이 해에 줄리아는 자신을 오랫동안 돌봐준 간호사 마리안 쇼송Marian Causson과 결혼했고, 결혼 후에 여섯 명의 자녀를 낳았다. 줄리아는 수학의 여러 영역에 공헌을 했고 기하학 분석 이론 등 분야에서는 200여 편의 논문, 30여 권의 책을 남겼으며 1920년대에는 줄리아 집합에 대한 연구로 수학계의 관심을 불러일으키며 한 때 명성이 자자했다. 그러나 불행하게도 몇 년이 지나자 반복 함수에 관한 작업은 사람들에게 완전히 잊히다시피 했다가 1970 ~ 1980년대에 이르러 만델브로가 기초를 닦은 프랙탈 기하학과 그와 관련이 있는 카오스이론이 각 영역에 널리 응용되면서 줄리아의 이름이 만델브로의 이름에 붙어 전파되기 시작했다. 수학과 물리의 발전 역사상 이런 일은 흔한 일이다. 리만 기하학Riemannian geometry이 일반 상대성 이론 때문에 모두에게 익숙해졌듯이 말이다.

줄리아 집합이 만들어지는 과정에서 볼 수 있듯이 만델브로 집합에 대응하는 각각의 지점들은 모두 줄리아 집합이 있다. 예를 들어 만델브로 집합에서 0 지점을 클릭하면(대응하는 C 값은 0) 위에서 말한 반복으로 만들어지는 줄리아 집합은 단위원이다.
[그림 1.8.3]은 여러 줄리아 집합(주위의 작은 그림 여덟 개)을 보여준다. 각각 만델브로 집합(중간의 큰 그림)에서 다른 지점에 대응한다.
아름다운 만델브로 집합과 줄리아 집합 도형이 만들어지는 과정을 살펴봤다. 이 비선형 반복법으로 만들어지는 프랙탈은 신비롭고 복잡하며 다양한 모습으로 변함으로써 예술가들의 사랑을 받고 있으며, 수학및 컴퓨터 애호가들의 주목을 끌고 있다. 또한 프랙탈과 긴밀한 관련이 있는 카오스 이론 및 비선형 동역학의 발전을 촉진하기도 했다. 사

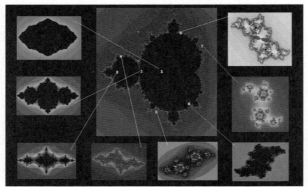

그림 1.8.3 여러 줄리아 집합에 대응하는 만델브로 집합의 여러 지점

람들은 후자를 20세기에 상대성 이론, 양자역학에 견줄만한 과학의
제3차 혁명이라고 부르기도 한다. 1990년대에 과학기술, 예술, 사회,
인문을 포함한 각 학술계의 거의 모든 영역에서 프랙탈과 관련한 연구
가 이뤄졌다. 증시 전문가들은 시장의 방대한 데이터에서 자기유사성
을 찾았고 음악가들은 프랙탈 규칙으로 만들어진 선율에 더 큰 신비
감이 있지는 않은지 귀를 기울였다.

"목수 눈에는 달도 나무로 만든 것처럼 보인다"는 서양의 속담처럼 사
람들은 자신만의 방식으로 세상을 이해한다. 각계 전문가들이 프랙탈
을 이해하는 방식도 큰 차이가 있지만 이 새로운 과학에 대한 열정만
큼은 똑같았다.

승우와 인영이는 서로 마우스를 뺏어가며 만델브로 집합 그림에 이리
저리 클릭을 해보면서 여러 가지 예쁜 줄리아 도형으로 바꿨다. 인영
이는 그 도형들을 저장해서 의류 디자인을 하는 사촌 언니에게 보내
주겠다고 했다. 옆에서 정우가 줄리아에 대한 이야기를 하는 것을 듣
고 있던 민수는 잠시 고민을 하는 듯싶더니 뜬금없이 전혀 상관없는

말을 꺼냈다.

"정우 형, 나 생각났어. 미국에 간 형의 여자친구 이름이 줄리아 아니야?"

민수의 말에 정우는 이마를 찡그렸지만 바로 풀면서 미소를 지으며 말했다.

"그건 다르지. 그 줄리아는 성이야. 내 옛날 여자친구 이름은 주주고, 줄리아는 미국에 간 다음에 지은 영어 이름이야. 걔가 미국에 가면서 우리는 헤어졌고 이미 과거 일이야. 얼마 전에 그 애한테서 긴 편지를 받았는데 미국에 가서 열심히 노력한 얘기를 썼더라. 그제야 조금씩 그 애가 이해됐어…… 그 애를 용서했다고 할 수도 있고……"

인영이와 승우는 정우가 소개하는 또 다른 줄리아의 이야기에 귀를 기울였다.

2장
신기한 카오스

라플라스의 악마

"여러 글을 보면 프랙탈은 항상 카오스와 연결되어 있어. 프랙탈에 대해서 꽤 많이 공부한 것 같은데, 난 아직도 카오스가 뭔지는 잘 모르겠어. 선배들은 어때?" 승우가 두 선배에게 물었다.

민수도 말했다. "프랙탈은 정말로 신기해. 특히 컴퓨터로 만드는 이미지는 그야말로 특별한 예술이야! 그런데 난 아직 프랙탈과 우리가 배우는 과학이 무슨 관계가 있는지 모르겠어."

곧 졸업을 앞두고 X 교수의 석사 시험을 준비하고 있는 정우가 X 교수가 하는 프로젝트가 카오스와 관련이 있다고 말했다. 그래서 정우는 최근에 프랙탈, 카오스 이론에 관한 책과 글들을 읽고 있다.

"무엇을 카오스라고 할까? 간단한 방법으로 카오스 이론을 명확하게 설명하기는 어려워. 그런데 우리 조상들이 혼돈이라는 단어로 고대 중국인의 우주관을 설명하고 표현했어.

'하늘과 땅이 닭처럼 혼돈하였는데 반고가 그 속에서 태어났다.'

반고盤古가 세상을 창조했다는 것은 우리가 잘 아는 신화야. 수천 년의 문명을 지닌 역사에 부끄럽지 않게 중국 선조들은 질서가 있는 문명사회가 혼돈 속에서 탄생했다는 사실을 일찌감치 인식했어. '하늘과 땅이 닭처럼 혼돈하다'라는 말은 현대 물리학에서 설명하는 빅뱅 초기의 세계와 조금 비슷해.

하지만 반고가 세상을 창조했다는 이야기는 절반의 내용만 담겨 있어. 우리의 과거와 관련된 절반만 얘기하고 있거든. 하늘과 땅이 혼돈스러운 덩어리였던 것이 우주의 과거라고 치자. 우주의 미래는 어떨까? 미래를 예측하는 것은 과거를 탐구하는 것보다 훨씬 매력적이고 실용적이야. 안 그래? 일기예보 덕분에 우리는 비가 내리기 전에 미리 준비할 수가 있고, 증시의 방향성을 예측함으로써 큰돈을 벌 수도 있어. 미래를 연구하는 학자와 문인들은 사람들이 존중하지. 김 00, 이 00라고 하는 작자들도 사람들을 기만하며 여기저기에서 이목을 끌고 사기를 치려면 선견이라고 자처하는 기능에 의존해야 하고, 우리가 설명하려는 카오스 이론은 바로 미래 예측과 관계가 있어.

사실 과학의 목적 중 하나가 바로 세상을 설명하고 미래에 대한 시야를 넓히는 거야. 문제는 '미래의 사건들'이 어떤 조건에서 예측될 수 있느냐 하는 거지. 얼마만큼 예측될 수 있나? 선견지명을 가진 자들은 얼마나 멀리 내다보는 안목을 가졌을까? 예측의 정확성은 또 어떠한가? '사람에겐 조석으로 변화하는 화와 복이 있고, 하늘에는 예측할 수 없는 풍운이 있다'는 속담이 있어. 오늘날 하루가 다르게 변하는 과학기술을 이용해 장차 발생할 '조석의 화와 복', '예측할 수 없는 풍운' 그리고 미래의 모든 것을 완벽하게 예견할 수 있을까? '장래'에 관한 이 문제를 현대 학계의 언어로 바꾸면 '동역학계의 장기적 행위 연구'라고 해.

1975년에 미국의 수학자인 요크Yorke와 그가 지도하는 중국계 석사생인 리톈옌李天岩은 '카오스'라는 단어를 과학적으로 정의하고 특정 계system에 장기간 나타내는 특이한 행위를 설명하는데 사용했어. 따라서 여기에서 우리가 토론할 카오스 이론은 일반적인 의미의 혼돈이나 반고가 세상을 창조했던 때의 혼돈과는 달라. 여기에서 탐구할 과제는 '가지성可知性과 불가지성不可知性이라는 철학 문제와 관련이 있어."

민수는 정우가 철학에 대해 장황하게 늘어놓으려는 것을 보고 참지 못하고 말했다. "형이 말하는 혼돈 철학들이 우리가 공부하는 프랙탈과 무슨 관계가 있는지 모르겠는데?"

정우는 민수에게 조급해 하지 말고 차분히 들어보라고 했다.

"방금 얘기했듯이 카오스 이론은 동역학계의 장기간 행위를 연구하는 거잖아. 너희들 만델브로 그림이 어떻게 그려진 건지 아직 기억하지? 그때 우리가 고려했던 게 바로 비선형 방정식을 무한대로 반복한 결과로 만들어지는 상이한 행위들 아니었어? 초기값이 다르면 무한 반복의 결과가 달라지잖아. 어떤 건 무한대로 먼 곳으로 가고 어떤 건 한정된 수치를 유지하고. 프랙탈에서 무한대로 반복하는 행위가 바로 여기 카오스 이론에서 말하는 장기적 행위에 해당해."

두 친구는 조금 감이 왔고, 승우가 흥분해서 말했다. "아, 그런 거였구나! 맞다. 무한 반복은 생물학의 만대유전이네. 자기유사성을 계승하는 유전도 있고 랜덤으로 우연한 요소로 초래되는 변이도 있고, 한 대 한 대를 거치며 이어지지……"

민수도 깨달은 게 있었다. "그러면 내가 프랙탈 프로그램을 작성할 때 사용한 반복 방정식이 카오스 이론에서 말하는 물리계의 규칙에 대응하겠네. 예를 들면 뉴턴의 법칙? 뉴턴의 법칙에서도 카오스를 얻을 수 있겠어…… 맞다. 삼체문제problem of three bodies라는 것도 있다고 들었는데……."

"맞아! 우리가 뉴턴 시대나 철학을 결부시켜야 하는 이유가 바로 그거야." 정우는 뿌듯해 하며 얘기를 계속 해나갔다.

우리가 사는 세계는 결정적일까, 비결정적일까? 예측이 가능할까, 불가능할까? 이것은 예나 지금이나 국내외 학자들, 철학자들을 곤혹스럽게 만들고 논쟁이 끊이지 않는 기본 이슈다. 삼백 여 년 전에 뉴턴역학이 탄생한 것은 과학 역사상 중요한 기념비적 사건이었다. 뉴턴주의의 인과율이나 기계적 결정론에서는 세계를 정확하게 예측할 수 있다고 생각한다. 뉴턴 물리학에 따르면 우주는 거대한 기계로 상상되어질수 있고 그 속에서 일어나는 사건들은 질서와 규칙이 있으며 예측이 가능하다. 뉴턴 3법칙은 세상 어디에 놓아도 다 들어맞는 것 같고, 만물에 적용해도 된다. 운동방정식이 생겼으니 초기 조건만 결정하면 물체의 운동 궤적은 백퍼센트 짐작과 예측이 가능하다. 우주가 멸망하는 날까지 말이다.

이렇게 결정론적이고 간단하고 조리가 정연하며 예측 가능한, 그래서 이미 완전무결해 보이는 이론 체계와 세계의 모습이 얼마나 매혹적이었을지, 그래서 당시 과학계 사람들을 환호하며 들떠서 도취하게 만들었을지 상상이 간다. 하나님이 만물을 주관한다고 믿는 신학계도 영향을 받았을 정도다. 그래서 뉴턴역학의 시대에는 숙명론, 신비주의가 팽배했다. 천재였던 뉴턴도 세속에 얽매이지 않을 수 없었는지, 조물주가 참으로 위대하고 비범해서 그가 만든 세상이 정교하기 그지없고 흠잡을 데 없이 완벽하다고 생각했다. 그래서 뉴턴은 노년에 신학 연구에 몰두했다.

뉴턴이 가고 라플라스가 왔다. 라플라스도 뉴턴역학의 완벽한 이론 체

계에 심취해서 만유인력 법칙을 태양계 전체에 응용하고 태양계와 다른 천체의 안정성 문제를 연구했다. 그래서 '천체역학의 아버지'라고 불렸다. 하지만 뉴턴과는 다르게 라플라스는 공을 신에게 돌리는 대신 신을 우주에서 몰아냈다.

나폴레옹은 라플라스가 쓴 ≪천체역학≫을 보고 신에 대한 내용이 한 글자도 없는 것을 이상하게 여겼다. 라플라스가 자랑스럽게 내뱉은 한마디는 나폴레옹을 어안이 벙벙하게 만들었지. "제겐 신이라는 가설이 필요 없습니다!"

라플라스는 신의 존재는 믿지 않았지만 결정론은 굳게 믿었다. 신이 존재해서 우주를 만들었다는 가설은 필요하지 않았지만 어떤 지성이 있다고 가정했다. 나중에 사람들이 '라플라스의 악마'라고 부른 그 존재는 우주의 과거와 미래를 완벽하게 계산해 낼 수 있다. 아르키메데스가 왕에게 "내게 지렛대를 주면 지구를 들어 올릴 수 있다!"고 했었는데, 라플라스는 아르키메데스의 말투를 흉내 내서 세상 사람들에게 이렇게 호언장담을 했다.

"우주 모든 원자의 현재의 정확한 위치와 운동량을 안다고 가정하면 지성은 뉴턴의 법칙에 따라 우주에서 일어나는 사건의 전 과정을 계산할 수 있다! 계산 결과를 통해 과거와 미래를 한 눈에 볼 수 있다!" [그림 2.1.1].

과거와 미래가 전부 라플라스 악마의 손아귀에 있다는 것은 라플라스가 신봉한 결정론 철학을 대표하는 개념이다.

결정론인 뉴턴역학이 지금까지 찬란한 성과를 거두었고, 또 앞으로도 계속 거둘 것이라는 사실은 부인할 수 없다. 뉴턴역학은 우주의 비밀을 벗기고 자연의 질서를 찾는 인류의 끝없는 장거리 여정에서 위대하고

그림 2.1.1 결정론을 공언하는 라플라스

도 획기적인 첫 번째 사건이었다. 간단하고 정확한 계산 결과로 해왕성, 명왕성의 존재와 다른 천체의 운동을 예측했고, 보편적이면서도 아름다운 수학적 표현으로 여러 지상 물체의 복잡한 현상을 일괄적으로 설명했다. 뉴턴역학의 도움으로 인류는 여러 기계 설비를 발명하고 각종 탑재 로켓을 설계했으며 우주 왕복선을 우주 공간으로 보냈다. 우리를 둘러싸고 있는 주변 사물을 관찰해 보면 구름층을 오가는 비행기, 고속도로에서 쏜살같이 달리는 자동차, 하늘을 찌를 듯이 높이 솟은 도시의 고층 빌딩, 전 세계에 분포하는 철도와 다리 등 어느 하나 뉴턴역학의 공로가 담겨 있지 않은 것이 없다.

라플라스 이후에 19세기 물리학에서 발견한 비가역 과정, 엔트로피의 법칙은 라플라스 악마의 예언을 불가능으로 만들었다. 또 그 후 양자역학의 불확정성 원리와 카오스 이론에서 선보인 확정적 시스템에서 내재적 확률과정이 나타날 가능성은 결정론에 더 큰 치명타를 가했다. 어떤 이론이든 예외 없이 한계성을 지닌다. 20세기 초반에 발전한 양자 물리와 상대성 이론은 고전역학의 순진함을 깼다. 상대성 이론은 뉴턴의 절대 시공 개념에 도전했고, 양자역학은 미시적 세계의 물리적 인과율에 의문을 품었다. 양자역학 중 하이젠베르크의 불확정성 원리에 따르면 동일한 시각에 특정 입자의 정확한 위치와 정확한 운동량을 동시에 얻을 수는 없다. 또 두 단계로 나누어 측정할 수도 없다. 미시적인 세계에서는 측정이라는 행위 그 자체가 측정하는 사물의 상태를 이미 바꾸기 때문이다. 때문에 라플라스가 필요로 한 데이터는 정확히 얻을 수가 없고, 모든 것을 예견할 수 있는 물리학 이론은 당연히 존재할 수가 없다.

양자역학의 규칙은 미시적 세계의 예측 불가성을 밝혀냈고, 카오스 이론은 사건의 정확성을 근본적으로 부정해서 비결정론의 발전을 촉진했다. 카오스 현상에서는 미시적 세계의 양자 효과는 제쳐 두고, 뉴턴의 법칙만 따르는 일반 척도의 완벽한 결정론 시스템일지라도 무작위적 행동이 나타날 수 있다는 사실을 보여주었다. 광범위하게 존재하는 외재적 무작위성뿐 아니라, 확정론 시스템 자체도 보편적으로 내재적인 무작위성을 지닌다. 즉 카오스는 질서를 만들 수 있고, 질서 속에도 무작위적이고 예측할 수 없는 혼돈스러운 결과가 생길 수 있다. 일부 결정적인 시스템이라 할지라도 복잡하고 특이하고 비결정적이며 고전 이론에서는 예측이 가능했던 것과는 다른 장기적인 행위가 나타날 수 있는 것이다.

다른 각도에서 보면 카오스 이론이 질서와 무질서의 통일, 확정성과 무작위성의 통일을 밝힘으로써 결정론과 확률론, 오랫동안 대립하고 서로 용인하지 않은 채 통일된 자연계를 설명하는 이 두 시스템 사이의 간극이 점차 사라지고 있다. 어떤 사람들은 카오스 이론을 상대성 이론, 양자역학과 함께 20세기의 가장 위대한 3차 과학 혁명 반열에 놓으면서 뉴턴역학의 확립은 과학 이론의 발단을 상징하고 상대성 이론, 양자물리, 카오스 이론까지 3대 혁명이 완성된 것은 과학 이론이 성숙했음을 상징한다고 생각하기도 한다.

2.2

혼란에 빠진 로렌츠

정우가 막힘없이 한 바탕 설명을 늘어놓자, 민수가 웃으면서 말했다. "정우 형도 물리학계의 조상님들과 똑같은 실수를 하네. 물리를 철학으로 보는 것 말이야. 아무리 그래도 물리는 철학이 아니잖아. 정우 형, 구체적으로 얘기 좀 해봐. X 교수님이 하시는 프로젝트와 관련이 있는 것들로."

정우는 고도 근시 안경을 고쳐 쓰고, 빠르지도 느리지도 않게 책 한 권을 펼치며 말했다. "그럼 바로 본론으로 들어갈게. 고전역학에서는 왜 결정론을 도출했을까? 또 카오스 이론은 결정론 시스템에서도 무작위 행위가 나타날 수 있다는 걸 어떻게 증명했을까? 봐봐, 카오스 수학에 관한 아무 책이나 펼쳐 보면 거의 대부분 [그림 2 .2.1] 같은 그림을 볼 수 있어. 바로 카오스 이론의 상징인 로렌츠 끌개야."

"로렌츠 끌개가 뭐야?" 승우가 물었다.

정우는 머리를 비비면서 말했다. "좋은 질문이긴 한데 끌개라는 제목은 조금 앞서가는 경향이 있으니까 나중에 다시 얘기할게. 오늘은 우선 이 그림의 유래와 로렌츠의 업적에 대해서 얘기하자……"

그림 2.2.1 로렌츠 끌개

에드워드 로렌츠1917-2008는 미국 매사추세츠공과대학교에서 기상을 연구하던 과학자다. 1960년대 초에 컴퓨터로 기상에 영향을 미치는 대기류를 시뮬레이션하려고 시도했다. 로렌츠는 당시에 진공관으로 구성된 컴퓨터도 사용했는데, 실험실 전체를 차지하는 거대한 물건이었다. 그 기계는 크기는 했지만 계산 속도는 요즘 사람들이 사용하는 컴퓨터에 훨씬 미치지 못했다. 그래서 짐작하다시피, 로렌츠는 밤낮 없이 고생하며 일했다. 신중한 과학자는 한 번 계산한 결과에 마음을 놓지 못해 계산을 다시 한 번 하기로 했다. 시간을 절약하기 위해 계산 과정을 조금 바꿔서, 일부는 계산을 생략하고 첫 번째 계산 때 얻은 결과를 이용했다.

그날 밤에 로렌츠는 한밤중까지 힘들게 일하면서 첫 번째 계산에서 도출한 일부 데이터를 하나하나 아날로그 입력 카드에 넣은 다음에 다시 컴퓨터에 입력했다. "자, 이제 모든 준비가 끝났으니 계산을 시작해볼까!" 로렌츠는 그제야 마음이 놓여 집에 가서 푹 잤다.

다음날 아침에 로렌츠는 새로운 결과가 전 번의 계산을 입증해주기를 바라는 마음으로 MIT 컴퓨터실로 갔다. 그런데 두 번째 계산의 결과에 로렌츠는 깜짝 놀랐다. 그가 얻은 건 첫 번째 결과와는 완전히 다른 데이터들이었다! 다시 말해서 결과 1과 결과 2는 천차만별이었다. 이게 어떻게 된 걸까? 로렌츠는 다시 한 번 계산할 수밖에 없었다. 결과는 여전했다. 다시 첫 번째 방법으로 돌아가서 계산했더니 원래대로 결과 1이 얻어졌다. 로렌츠는 반복해서 두 계산 단계를 검토했고, 또 여러 번 계산했다. 방법 1에서는 항상 결과 1이 나왔고, 방법 2에서는 늘 결과 2가 나왔다. 두 결과가 많이 다른 것은 필시 두 방법이 다르기 때문이었을 것이다. 그런데 두 방법에서 마지막 계산 프로그램은 완전히 똑같았고, 유일하게 다른 점이라곤 초기 데이터뿐이었다. 첫 번째 방법에서는 컴퓨터에 저장한 데이터를 사용했고, 두 번째 방법에서는 로렌츠가 직접 입력한 데이터를 사용했다.

'이 두 그룹의 데이터는 똑같아야 하는데!' 로렌츠는 수차례의 검토와 검증을 거치면서 눈을 부릅뜨고 숫자 하나하나를 들여다보고 또 들여다봤다. 드디어 눈에 들어왔다. 두 그룹의 데이터가 확실히 조금 달랐고, 몇몇 데이터에 반올림해서 미세한 차이가 생긴 숫자들이 몇 개 있었다.

'이렇게 미세한 차이(예를 들어 0.000127)에 따라서 최종 결과가 그렇게 많이 달라질 수 있단 말인가?' 로렌츠는 아무리 생각해도 해답을 얻지 못했다.

[그림 2.2.2]는 로렌츠의 일기예보 연구와 관련이 있는 결과다. 가로 좌표는 시간을 나타내고 세로 좌표는 로렌츠의 시뮬레이션, 즉 예보를 하려는 기후 중의 특정 매개변수 값을 나타낸다. 예를 들어 공간의 특정 지점에서 대기 기류의 속도, 방향 또는 온도, 습도, 압력 등의 변수

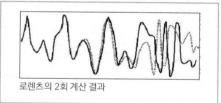

로렌츠의 2회 계산 결과

그림 2.2.2. 실선과 점선은 로렌츠의 2회 계산 과정을 나타냄
초기값의 미세한 차이로 최종 결과가 완전히 달라짐[48]

다. 초기값과 물리 규칙을 설명하는 미분방정식에 따라 로렌츠는 이 물리량들의 시간에 따른 변화 과정에 대해 디지털 시뮬레이션을 실시했다. 예보의 목적을 달성하기 위함이었다. 그런데 로렌츠는 초기값의 미세한 변화가 시간의 증가에 따라 지수에 의해 확대된다는 사실을 발견했다. 만약 초기값이 살짝 변함으로써 결과가 크게 달라진다면, 그런 예보가 실질적으로 의미가 있을까?

승우는 큰 깨달음을 얻은 듯이 말했다. "아, 어쩐지 기상관측소에서 알려주는 일기예보가 안 맞는 때가 많아서 욕을 먹는데, 그 사람들도 나름 고충이 있겠네!"

민수가 말했다. "[그림 2.2.2]의 곡선이 의미하는 바는 쉽게 이해가 되는데, [그림 2.2.1]은 어떻게 생긴 거야? 이 끝없이 빙빙 돌아가는 게 로렌츠의 일기예보 계산과 무슨 관계가 있는 건지 모르겠어."

정우가 말했다. "들어봐, 당연히 관계가 있지! "

당시 로렌츠는 굉장히 혼란스러웠지만 이 우연한 발견의 중요성을 깨달지는 못했을 거다. 이와 관련이 있는 카오스 식의 해석이 비선형 동역학 분야에서 큰 반향을 일으킬 것도 생각하지 못했을 가능성이 높다. 그럼에도 불구하고 로렌츠는 어쨌든 수학 분야에서 훈련을 잘 받은 과학자였다. 실제로 로렌츠는 젊은 시절에 하버드대에서 수학을 전공했는데, 나중에 2차 세계대전이 터지는 바람에 미국 육군 항공대에 복역하면서 일기예보원이 되었다. 전쟁을 겪는 몇 년 동안 기상을 접하면서 로렌츠는 그 전공을 좋아하게 되었다. 전쟁 직후에 진로를 바꿔서 MIT에 가서 일기예보 이론을 전공했고, 그 후에는 MIT의 교수가 됐다. 수학적인 두뇌로 당시에 막 두각을 드러내기 시작한 컴퓨터와 디지털 컴퓨팅 기술을 이용해서 더 정확하게 날씨를 예측하는 것이 당시 로렌츠가 갈망했던 꿈이었다.

하지만 두 번의 계산 결과는 천차만별이었고, 초기값에 유달리 민감한 결과 때문에 로렌츠의 장밋빛 꿈은 뒤통수를 맞았다! 그래서 로렌츠는 자신이 일기예보 작업에서 막다른 길에 몰리고 무력하다는 느낌을 받았다. 로렌츠는 곤경에서 벗어나기 위해서 계속 깊이 파고들었다. 하지만 깊이 파고들수록 '날씨를 정확하게 예측하겠다'는 꿈은 실현할 수 없다는 것을 인정할 수밖에 없었다. 로렌츠는 자신의 미분방정식 풀이의 안정성을 연구하면서 아주 특이하고 복잡한 행위들을 발견했기 때문이다.

로렌츠는 뛰어난 추상적 사고력으로 일기예보 모델의 수백 개의 매개변수와 방정식을 아래처럼, 단 세 개의 변수와 시간 계수만으로 완전히 결정되는 미분방정식으로 간략화 했다.

$$dx/dt = 10(y - x) \qquad \text{식 2.2.1}$$
$$dy/dt = Rx - y - xz \qquad \text{식 2.2.2}$$
$$dz/dt = (8/3)z + xy \qquad \text{식 2.2.3}$$

이 방정식에서 x, y, z 는 3차원 공간에서 운동하는 어떤 입자의 좌표가 아니라 세 개의 변수다. 이 세 변수는 유속, 온도, 압력 등 일기예보의 여러 물리량을 간략화한 것들이고. 〈식 2.2.2〉에서 R 은 유체역학에서 레일리 수Rayleigh number라고 부르며, 유체의 부력이나 점성 등의 성질과 관련이 있다. 로렌츠 계수에서 카오스 현상이 발생하는데 있어서 레일리 수의 크기는 굉장히 중요하다. 이 부분은 뒤에서 다시 얘기하자. 이것은 분석적 방법으로 해답을 구할 수 없는 비선형 방정식이다. 로렌츠는 레일리 수를 $R = 28$ 로 설정하고 컴퓨터로 여러 번 반복을 진행했다. 즉 우선 초기 시점 x, y, z 의 한 그룹의 수치 x_0, y_0, z_0 에서 다음 시점의 수치인 x_1, y_1, z_1 을 산출하고, 다시 다음 시점의 x_2, y_2, z_2 를 산출하고…… 이렇게 계속 해나갔다. 차례로 얻어지는 x, y, z 의 순간 값을 3차원 좌표 공간에 그렸더니 [그림 2.2.1]처럼 특이하면서 복잡한 로렌츠 끌개 그림이 그려졌다.

2.3

이상한 끌개

승우의 질문으로 돌아가 보자. 끌개가 뭘까? 또는 동역학계의 끌개란 뭘까? 그리고 민수가 질문한 그 그림에서 빙글빙글 돌아가는 궤도는 어떻게 된 걸까?

우선 '계系, system'라는 개념을 이해해야 한다.

계가 뭘까? 간단히 말해 계는 일종의 수학 모델이다. 자연계와 사회의 각종 사물을 설명하는데 사용하고, 변수 및 여러 방정식으로 구성되는 수학 모델이다. 세상의 사물들은 천차만별이고 복잡다단하지만, 수학자들의 눈에 일정 조건에서는 모두 몇 개의 변수와 그 변수들의 관계로 구성된 계에 지나지 않는다. 이들 계 모델에서 변수는 수치가 클 수도 작을 수도 있으며, 따르는 규칙은 간단할 수도 있고 복잡할 수도 있다. 또 변수의 성질은 확정적이거나 무작위적일 수 있으며, 계별로 다른 하위 계를 포함할 수도 있다.

계의 성격에 따라서 결정적 계, 무작위계, 폐쇄계, 열린계, 선형계, 비선형계, 안정계, 간단한 계, 복잡한 계 등과 같은 용어도 생겼다.

예를 들어 지구가 태양 둘레를 도는 운동은 간단한 이체two body 계에 가

깝고 밀폐관 속의 화학 반응은 안정적인 상태를 지향하는 폐쇄계가 될 수 있다. 모든 생물체는 다 자기 적응형의 열린계고 인류 사회, 주식 시장은 복잡한 무작위계의 사례다.

어떤 계인지를 불문하고 대부분의 상황에서 우리가 흥미를 갖는 것은 시간에 대한 계의 변화다. 이것을 동역학계 연구라고 한다. 너무나 당연한 일이다. 고정불변의 계에 누가 관심을 가질까? 시간에 따른 계의 변화를 효과적이고 직관적으로 연구하는 방법이 바로 계의 위상 공간 Phase space을 이용하는 것이다. 한 계의 모든 독립 변수가 구성하는 공간을 계의 위상 공간이라고 한다. 계의 특정 상태를 확정하는 위상 공간 중의 한 지점은 한 그룹에 주어진 독립 변수 값에 해당한다. 위상 공간에서 시간의 운동에 따른 상태점을 연구하면 시간의 변화에 대한 계의 추이를 알 수 있고, 이로써 카오스 이론에서 가장 흥미로운 동역학계의 장기적 행위를 관찰할 수 있다.

위상 공간에서 상태점의 운동이 최종적으로 지향하는 극한 도형을 그 계의 끌개라고 한다.

쉬운 말로 하면 끌개는 바로 계의 최종 귀착점이다.

더 쉽게 설명할 수 있는 예를 몇 가지 들어 보자. 공을 발로 차면 공중에서 한 동안 날아가다가 바닥에 떨어진다. 그리고 또 잔디에서 한참을 구른 다음에 땅에서 멈춘다. 다른 상황이 발생하지 않는다면 멈춰서 움직이지 않는 상태가 바로 공의 최종 귀착점이다. 그래서 이 축구 운동의 끌개는 위상 공간에서의 공의 한 고정점이다.

인공위성은 지상을 떠나 발사된 후에 마지막에 예정된 궤도에 진입하면 지구를 돌면서 2차원 주기 운동을 한다. 위성과 지구가 만드는 이체 운동의 끌개는 타원형이다.

두 가지 색의 잉크를 한데 섞고 나서 시간이 한참 지나면 퍼지면서 서로 스며들고, 마지막엔 고루 섞이는 동태적 평형 상태를 향해 간다. 분자의 브라운 운동Brownian motion을 고려하지 않는다면 이 계의 최종 귀착점, 즉 끌개는 위상 공간의 한 고정점이 될 것이다.

카오스 현상을 발견하기 전까지, 대략 로렌츠가 자신의 계의 최종 귀착점을 연구하기 전까지 끌개의 형태는 [그림 2.3.1] (a)와 같은 몇몇 고전 끌개로 정리할 수 있고, 이것을 정상 끌개라고 한다.

첫 번째 유형은 고정점 끌개fixed point attractor다. 이 계는 마지막에 고정불변한 상태로 수렴된다. 두 번째 유형은 한계순환 끌개limit cycle attractor다. 이 계의 상태는 안정적인 진동으로 향한다. 천체의 궤도 운동이 좋은 예다. 세 번째 유형은 토러스 끌개torus attractor로 준고정 상태다. [그림 2.3.1] (a)처럼 일반적으로 계의 방정식 풀이에 대응하는 고전 끌개는 위상 공간에서 정수 차원의 부분 공간Subspace이다. 예를 들면 고정점은 0차원의 공간이고 한계순환은 1차원 공간인 반면에 도넛 모양의 토러스 끌개는 2차원 공간이다.

간단하고 직관적인 예가 시계추다. 어떤 추든 끊임없이 에너지를 보충해주지 않으면 결국 마찰과 감쇠로 인해 멈춰버린다. 다시 말해서 계의 최종 상태는 위상 공간의 한 점이다. 따라서 이런 경우의 끌개는 첫 번째 유형인 고정점이다. 시계추에 에너지 공급원이 있는 경우, 괘종처럼 태엽이나 전원이 있어서 멈추지 않는다면 계의 최종 상태는 주기적인 운동이다. 이런 경우의 끌개는 두 번째 유형인 한계순환이다. 방금 얘기한 시계추가 한 방향으로만 흔들리는 경우, 시계추가 하나라고 가정할 때 좌우로 흔들리는 것 말고도 위쪽에 스프링을 추가해서 상하 운동이 더해지면 연성 진동 행위가 생기고, 두 가지의 진동 주파수를

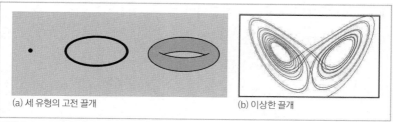

(a) 세 유형의 고전 끌개   (b) 이상한 끌개

그림 2.3.1 고전 끌개와 이상한 끌개

갖게 된다.

승우는 반응이 빨랐다. "아, 알겠다! 세 번째 유형인 토러스 끌개는 여러 주파수에 대응하는 경우구나." 똑똑한 척 하길 좋아하는 승우가 으쓱해 하며 말했다. 하지만 민수는 반박했다.

"꼭 그렇지만은 않은 것 같아. 대학교 1학년 때 일반물리학 시간에 배운 바로는, 두 주파수의 수치가 단순 비율을 이루는 경우, 즉 두 주파수의 비교값이 유리수면 실질적으로는 여전히 주기적 운동이고 끌개는 두 번째 유형에 머물러서 결국 한계순환 끌개로 귀착하거든. 두 주파수가 단순 비율 관계를 형성하지 않는 경우, 즉 비교값이 무리수인 경우라면 그 소수 공식에는 무한대 자리수가 포함되고, 재현되는 패턴의 숫자가 없어. 조합식에 무리수 주파수 비교값이 있으면 조합식의 위상 공간을 대표하는 점이 도넛 둘레를 돌면서 그 자신은 영원히 접합되질 않지. 이런 계는 거의 주기적인 것으로 보이지만, 영원히 정확하게 스스로 반복하지는 못하기 때문에 준주기적이라고 불러. 하지만 운동

궤도는 늘 하나의 도넛으로 한정되기 때문에 [그림 2.3.1] ⓐ 중 세 번째 경우에 대응한다고 하는 게 맞지."

세 유형의 끝개로 설명하면 자연 현상은 꽤 규칙적이다. 이것들은 고전 이론의 끝개에 해당하고, 고전 이론에 따르면 초기값이 살짝 벗어나면 결과도 살짝만 벗어난다. 그래서 과학자들은 극도로 복잡한 계의 행위를 한참 전부터 예측할 수도 있다. 이것이 '라플라스의 악마' 결정론의 이론 기초이고, 로렌츠가 꿈꿨던 장기적인 일기예보의 근거이기도 하다.

그렇지만 두 차례 계산의 커다란 편차에서 로렌츠는 상황이 좋지 않음을 느꼈고, 그래서 계산 결과를 그림으로 그려보기로 했다. 즉 앞에서 언급한 세 방정식 〈식 2.2.1 ~ 2.2.3〉에서 x, y, z 의 시간의 변화에 따른 곡선을 3차원 공간에 그리고, 그것이 세 유형의 끝개 중 어느 것에 해당하는지 살폈다.

그렇게 그려 놓으니 새로운 세상이 펼쳐졌다! 도무지 자신이 그린 도형을 어떤 고전 끝개에도 분류할 수 없었기 때문이다. 자신이 그린 도형, 즉 [그림 2.3.1] ⓑ를 살펴본 로렌츠는 이 계의 장기적 행위가 굉장히 흥미롭다는 생각을 했다. 고정적인 것 같으면서도 아니고, 무질서한 것 같으면서 또 그렇지 않았다. 혼란 속에 질서가 있고 안정 속에 혼란이 있었다.

그건 3차원 공간 속의 이중 궤도였는데 궤도의 라인이 두 개의 중심점을 둘러싸고 돌고 있는 것처럼 보이지만 또 진짜로 도는 것은 아니었다. 민수가 말한 것처럼 방정식의 해의 궤도는 돌고 돌면서 헤어 나오지 못하는 형국이었다! 두 날개의 경계 안으로 제한되어 있으면서도, 결코 자기 자신과 엇갈리지는 않기 때문이었다. 계의 상태가 영원히 반복되지 않고 비주기적이라는 뜻이다. 다시 말해 정해진 계수, 정해진 방정식, 정해진 초기값을 갖는 이 계의 해는 표면상, 그리고 전체적으로 규칙적이고 질서가 있는 듯한 두 날개의 나비 모양이었고, 내재적으로는 무질서하고 무작위한 카오스 과정을 포함하는 복잡한 구조였다. 당시에 안목이 남달랐던 로렌츠는 이 현상을 결정론적 비주기적 유체 Deterministic Non-periodic Flow라고 정확하게 표현했고, 그의 글은 1963년에 〈대기과학 저널Journal of Atmospheric Science〉에 실렸다.

2.4
나비효과

"[그림 2.3.1] (b)의 로렌츠 끌개는 딱 봐도 고전 끌개들과 확연히 달라. 고전 이론에 속하지 않는 끌개를 이상한 끌개라고 하지, 맞아?" 민수가 물었다.

"맞아, 하지만 그래도 이상한 끌개에 대체 어떤 특별한 점이 있는지를 수학적으로 확실히 해야 해. 앞에서 언급했듯이 고전 끌개들은 각각 0, 1, 2차원의 도형이야. 그럼 한 번 봐봐. 아래 그림에서 3차원 공간에 그린 로렌츠 끌개는 몇 차원인 것 같아?"

"몇 차원?" 승우가 두 눈을 반짝거리며 말했다. "차원이 분명히 분수지?"

민수가 곰곰이 생각하다가 말했다. "기다려봐. 이 도형은 확실히 프랙탈 같긴 해. 하지만 프랙탈이라고 해서 차원이 꼭 분수인 건 아니야. 도형이 복잡하긴 하지만 갈래들이 기본적으로는 각자의 평면에서 맴도는 것처럼 보여. 평면이 총 두 개니까 이 도형은 그냥 2차원일 거야. 드래건 커브와 조금 비슷한 도형처럼 곡선이 돌고 또 돌면서 마지막엔 일부분의 면적을 채워…… 그래서 내 생각엔 2차원이야."

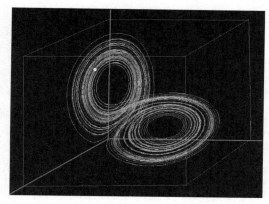

그림 2.4.1 로렌츠 끌개는 2.06
차원의 프랙탈

앞 장에서 프랙탈을 소개하면서 정수 차원의 기하학 도형뿐 아니라 분수 차원의 기하학 형태도 존재한다는 사실을 알았다. 카오스 현상을 나타내는 계의 끌개, 즉 이상한 끌개는 바로 프랙탈이다. 정수 차원의 끌개(정상 끌개)는 매끄러운 주기 운동의 해이고, 분수 차원의 끌개(이상한 끌개)는 비선형계와 관련된 매끄러운 카오스의 해다. [그림 2.4.1]의 로렌츠 끌개는 곡선이지만 상징적으로 곡선의 일부분만 나타낼 뿐이다. 끌개는 실제로 무한의 구조를 지니는 프랙탈이다. 이 책 끝에 실은 링크에서 로렌츠 끌개 프로그램을 찾아서 더 자세히 관찰해보면 상태점, 즉 로렌츠 계의 해가 시간의 흐름에 따라 비중복적이고 무한대로 두 갈래의 도형 사이에서 분주히 돌아다닌 것을 발견할 것이다. 어떤 수학자는 로렌츠 끌개의 프랙탈 차수를 면밀히 연구해 2.06 ± 0.01이라는 결과를 얻었다.

이상한 끌개의 형태와 기하학적 성질에서 카오스와 프랙탈에 관한 한 측면을 알 수 있다. 즉 프랙탈은 카오스의 기하학적 표현이라는 이상한 끌개가 정상 끌개와 다른 또 하나의 중요한 특징은 초기값에 대한 민감성이다. 앞에서 얘기한 세 가지 유형의 고전 끌개는 초기값에 대해 안정적이다. 즉 초기 상태에 근접한 궤도는 항상 가까이 있고 멀리 벗어나지 않는다. 반면 이상한 끌개에서 초기 상태에 근접한 궤도들 간의 거리는 시간이 증가하면서 지수가 커진다.

수학에 조예가 깊었던 로렌츠가 정신을 차리지 못한 이유가 바로 이것이다. 로렌츠는 자신의 수학 모델로 계산한 결과가 고전 끌개에서 마땅히 나와야 할 결론에서 크게 벗어난다는 사실을 깨달았고, 주어진 초기값의 아주 미세한 차이로 결과가 완전히 달라졌기 때문이다. 이 민감성은 기상학에서 잘 드러난다. 계산 결과가 계산된 일기예보의 시간에 따라 지수를 이루며 확대되었고, 로렌츠가 두 달 동안 계산한 일기예보에서 4일에 한 번씩 예보를 계산할 때마다 차이가 두 배로 늘어났다. 따라서 마지막에는 확연히 다른 결과가 얻어졌다.

이로 인해 로렌츠는 "장기간의 일기 현상은 정확히, 오류 없이 예보할 수 없다"는 사실을 인식했다. 계산 결과를 통해 '초기 조건의 극히 미세한 변화로 예보 결과가 엄청나게 달라질 수 있다'는 사실이 입증되었기 때문이다. 또한 일기예보의 초기 조건은 극히 불안정한 지구의 대기류에 의해 결정된다. 로렌츠는 이 결론을 형상화하여 '나비효과'라고 불렀고, 이 단어로 초기값에 대한 결과의 민감성을 형용했다. 브라질에서 나비 한 마리가 날개를 한 번 펄럭이면 기상대에서 파악한 초기 자료가 바뀌고, 3개월 후에는 미국 텍사스 주에서 뜻밖의, 한 번도 예보하지 않은 토네이도를 야기할 수 있다[그림 2.4.2]. 중국의 속담을 빌리면 "털끝만한 차이가 큰 오류를 낳는다."

승우가 웃으며 말했다. "로렌츠 끌개의 그림이 나비의 펄럭이는 두 날

그림 2.4.2 '나비효과' 설명도

일기예보의 '나비효과'

↓

초기값의 미세한 차이가
시간에 따른 지수에 의해 확대됨

↓

브라질의 나비가 날개를 펄럭임

↓

미국 텍스사주에서
토네이도가 발생할 수 있음

개처럼 보여서 나비효과라고 부르는 것이라고 말하는 사람도 있나봐. 어찌됐든 난 이 이름이 좋아. 이 이름은 문학가들이나 예술가들의 무한한 상상력을 이끌어 내서 작품도 많이 쏟아졌지……"

로렌츠 끌개는 최초로 심도 깊게 연구된 이상한 끌개다. 로렌츠 모델은 최초로 상세하게 연구된, 카오스를 발생할 수 있는 비선형계다.

민수가 말했다. "이상한 끌개를 가진 계는 몇 안 되는 특수한 사례지? 내 기억으론 로렌츠의 방정식에서 레일리 수라고 부르는 매개변수 R이 있고, $R = 28$일 때라야 방정식이 카오스 해를 갖게 돼. 여러 다른 R 값에서는, 브라질의 나비가 날개를 펄럭이든 펄럭이지 않는 상관이 없잖아!"

하지만 정우는 그건 오해라고 말했다. 사실 로렌츠가 발견한 이상한 끌개를 갖는 계는 희귀한 예외가 아니라 자연계의 어디서나 볼 수 있는 지극히 보편적인 현상이며, 고전역학에서 설명하는 사물의 일반적인 모습이다. 그런데 왜 고전역학이 확립된 지 이미 3백 여 년이나 되었는데 고전계의 카오스 현상은 30여 년 전에야 발견된 걸까? 그 이유는 다음 세 가지로 요약할 수 있다. 첫째, 사람들은 관념적으로 성숙하고 권위적인 이론에 쉽게 구속되는 경향이 있다. 둘째, 최근 이삼십 년 사이에 컴퓨터 기술의 비약적 발전과 밀접한 관련이 있다. 로렌츠 끌개가 발견된 후, 그와 유사한 많은 연구 결과들이 잇따라 발표되었다. 흥미롭게도 각 분야의 과학자들은 저마다 자신들이 그와 같은 현상을 예전에 이미 관측했다고 푸념했다. 하지만 당시에 상사에게 인정을 못 받거나 글을 발표할 수가 없어서, 또는 스스로 생각하기에 측정이 충분히 정확하지 않거나 소음에 지장을 받아서 발표하지 못했다는 등의 이유를 내세웠다. 아무튼 그들은 갖가지 이유로 최초로 이상한 끌개를 발견하고 카오스 현상을 발견할 천재일우의 기회를 놓쳤다.

승우는 자신을 혼란에 빠뜨린 질문을 던졌다. "방금 이상한 끌개라는 행위가 고전역학에서 설명하는 현상 가운데 광범위하게 존재한다고 했잖아. 그게 무슨 뜻이야? 이상한 끌개는 고전 끌개와 다른 거 아니야?"

정우가 말했다. "여기에선 고전이라는 단어를 조금 헷갈리게 썼어. 원래 고전 물리라는 것은 양자 물리와 구별해서 지칭하는 것이거든. 이상한 끌개와 양자 물리는 다른 개념이야. 이를 테면 로렌츠가 얻은 미분방정식은 고전 물리 이론, 고전역학 법칙에서 얻은 방정식이야. 확률 통계도 아니고 양자 이론과도 무관해. 하지만 고전 이론에 부합하는 이 방정식은 카오스 행위를 해를 가져."

이상한 끌개라는 행위는 고전역학에서 설명하는 현상 가운데 광범위하게 존재하며 각종 비선형계에 존재한다. 이상한 끌개와 카오스 행위는 비선형계의 특징이므로, 이 현상들의 발견은 비선형 수학의 연구를 정점으로 끌어올렸다. 1980 ~ 90년대에 여러 학문들은 저마다 비선형의 새로운 장을 열었다. 인문, 사회학 연구 시스템에서도 이상한 끌개와 카오스 운동의 실례들이 발견되었다. 따라서 카오스 이론의 확립은 뉴턴의 고전 이론과 충돌했고 결정론에 치명적인 일격을 가했다. 라플라스의 악마도 아무런 힘을 쓰지 못했다.

그런데 민수는 여전히 자신의 의견을 고집했다. "나비효과는 일부 상황에서 결과가 초기값에 매우 민감하다는 점은 설명하지만, 그렇다고 결정론을 부정하는 것은 아니지! 로렌츠의 일기예보를 예로 들면, 카오스 현상이 생김으로써 현재의 컴퓨터 기술은 일기예보의 오차를 4일 후에 두 배가 되도록 하고 있지만, 앞으로 컴퓨터의 속도가 빨라지고 정확도가 향상되면 초기값 측정도 더 정확해질 것이고, 그러면 오차를 40일 또는 400일 후에야 두 배가 되도록 만들 수 있을 거야. 그러면 정확하게 예보할 수 있는 것 아니야? 난 그래도 세상은 결정론이라고 생각해. 다만 계산과 측정의 정확성 문제일뿐이지……"
승우는 동의하진 않았지만 반박할 말이 떠오르지 않아서, 그저 결정론은 옳지 않다고만 확신했다.
"라플라스 악마에서 말하는 것처럼 어떻게 이 세상과 너, 나, 그의 미래의 모든 일이 결정될 수가 있어? 우리 셋이 지금 이 순간에 하는 모든 말이 전부 빅뱅이 일어난 순간에 결정됐다니, 황당하기 짝이 없잖아. 일의 발전에는 우연한 요소가 너무 많아서 다 운명으로 정해질 수는 없어……"
민수가 웃음을 터뜨렸다. "넌 저번에 시까지 읊으면서 인영이가 네 운명의 사랑이라고 했잖아……"

승우가 다급하게 말을 받았다. "형, 모르는 소리 하지 마. 그건 문학적으로 감정을 털어놓은 거지……과학이 아니잖아……"

정우는 과학이 결정론이냐 비결정론이냐의 문제를 해결할 수 없다고 생각했다. 물리학의 각도에서 보면 결정론을 지지하지 않는 증거가 최소 두 개는 있었다. 하나는 이미 1백 여 년의 역사를 지닌 양자 이론의 발전이다. 양자 물리의 불확정성 원리에서는 위치와 운동량은 동시에 확정될 수 없으며 시간과 에너지도 동시에 확정될 수 없다고 밝힌다. 따라서 초기 조건은 불확정적이고 '정확한 초기 조건'이라는 것은 영원히 있을 수 없다. 당연히 결과도 확정적일 수 없다.

또한 고전적인 물리 법칙들은 대부분 미분방정식의 수학 모델을 이용해 설명한다. 미분방정식을 확립한 본래 목적은 확정적이고 차원이 유한하고, 미분이 가능한 것들의 발전 과정을 연구하는 것이다. 따라서 미분방정식 이론은 기계 결정론의 기초다. 그렇지만 미분방정식이 세상의 모든 현상을 제대로 설명하는 최고의 방법은 아니다. 사실상 뉴턴역학을 제외한 여러 물리 현상에서는 미분방정식만으로 연구를 진행하는 것이 불가능하며 자연에 널리 존재하는 프랙탈 구조, 물리의 난류, 브라운 운동, 생명의 형성 과정 등등에 있어서도 미분방정식 이론은 간신히 들어맞는 수준이다. 결정론의 기초인 미분방정식으로 세상의 여러 문제를 해결할 수 없다면 '뿌리가 뽑힌 나무'가 된 셈이다. 토대가 사라져 결정론이 의지할 곳을 잃은 마당에, 라플라스의 악마는 더 말할 것이 있겠는가? 그저 천국에 숨어서 한숨을 지을 수밖에!

2.5

시대를 초월한
푸앵카레

1970년대에, 여러 학문에서 비선형 연구가 큰 시대적 흐름이 되어서야 사람들은 이 분야에 이미 발 빠른 선구자가 있었음을 인식했다. 과학계에서 이 프로젝트를 연구한 것은 1890년 프랑스 수학자 푸앵카레가 천체역학의 삼체문제를 풀기 위해 한 작업들로 거슬러 올라갈 수 있다.

정우는 머리를 매만지며 민수에게 말했다. "민수야, 지금 천체역학 수업 듣고 있지 않아? 삼체문제도 들어봤지? 네가 먼저 천체역학과 삼체문제를 간단히 소개해줘."
민수가 말했다.
"나도 이제 배우기 시작해서 아는 게 많지 않아. 부족하지만 얘기해 볼게. 천체역학을 얘기하려면 역시 뉴턴역학 시대로 갈 수밖에 없지. 어쩌면 좀 더 이전으로 거슬러 올라가야 할지도 모르겠어. 사실 천체 운동을 관측하고 연구한 것이 인류가 가장 초기에 진행한 과학 활동일 거야. 기원전 1 ~ 2천년에 중국과 다른 고대 문명국들은 태양, 달 등 천체의 운동으로 계절을 정하고 천문 현상을 연구하며 기후를 예보하기 시작했어. 그 이후의 일들은 두 사람도 잘 아는 거야. 코페르니쿠스가 1543년에 지동설을 제기했지. 이 학설은 교회에 충격을 주었고, 코페르니쿠스는 이로 인해 박해를 받았어. 그 후에 조르다노 부르노Giordano Bruno는 지동설을 널리 알리다가 교회에 의해 산 채로 타 죽었어. 요하네스 케플러Johannes Kepler는 비교적 운이 좋아서 티코Tycho Brahe라는 좋은 스승을 만났어. 티코는 수십 년 동안 힘들게 얻은 많은 행성 관측 자료를 아낌없이 전부 케플러에게 주었거든. 그렇게 해서 그 유명한 케플러의 행성운동 법칙이 생겼지. 뉴턴은 케플러 법칙을 토대로 고전역학에서 유명한 뉴턴 3법칙을 정리했고.

그 후에 케플러와 뉴턴이 세상을 떠나고 라플라스도 고인이 되었어. 몇몇 대가들이 천체역학을 확립했지만 천체 운동에 관한 여러 문제와 어려움들도 남겼어. 에이, 옛날이야기를 좀 해야겠네……"

사건은 1백 여 년 전에 스웨덴에서 일어났다. 스웨덴은 현대 과학기술의 발전에 탁월한 공헌을 한 나라다. 매년 스웨덴 왕국에서 수여하는 각종 노벨상이 일례다. 과학계에는 노벨상이 있고 영화계에는 오스카상이 있다는 걸 웬만한 사람들은 다 안다. 하지만 과학자에게 오스카상을 수여한 적도 있었다는 사실을 아는 사람은 별로 없을 것이다. 1887년, 그러니까 노벨상이 무연 화학을 발명한 해에 스웨덴에 진보적이고 수학을 사랑하는 오스카르 2세라는 왕이 있었다. 당시에 그는 현금 상금을 수여하는 경진대회에 후원해서 수학의 4대 난제에 대한 해답을 구했다. 첫 번째는 태양계의 안정성에 관한 문제였다. 태양계의 안정성 문제는 이미 뉴턴이 제기했었다. 어떤 사람들은 쓸데없이 괜한 걱정에 빠져서는 구제가 불가능한 재난 급의 결과를 가정하곤 했다. 예를 들면 어느 날 달이 지구 쪽으로 와서 세게 부딪히지는 않을까, 혹은 지구가 계속해서 점점 태양으로 다가거나 계속해서 태양으로부터 멀어지지는 않을까, 그래서 인류가 더워 죽거나 얼어 죽어서 멸망하지 않을까 같은 문제들을 걱정했다.

라플라스는 이 문제를 깊이 연구해서 태양계는 전체적으로 안정적인 주기 운동을 하는 계라는 결론을 도출했다. 하지만 라플라스의 결론은 사람들과 국왕인 오스카르 2세의 마음속 염려를 해소해주지 못했고, 국왕이 60세 생일 축하 준비를 하려는 즈음에 그의 과학 고문 예스타 미타그레플레르Gösta Mittag-Leffler는 상금 2,500 스웨덴 크로나를 걸고 이 난제의 답을 공모해보라고 건의했다.

그 시대의 물리학자들은 천체 관측과 연구에 열중했고 뉴턴의 만유인력 법칙에 따라 서로를 끌어당기는 여러 천체가 어떻게 운동하는지를 계산하기를 즐겼다. 물리학자들은 이러한 문제들을 N 체 문제라고 불렀다. 스웨덴 국왕이 N 체 문제의 답에 상금을 건 이유는 사실 수학적으로 태양계의 안정성을 탐구하고 싶었기 때문이다. $N = 1$일 때는 답이 뻔하다. 다른 작용을 받지 않는 한 개의 물체는 마지막에 정지하거나 등속 직선 운동으로 귀착한다. $N = 2$, 즉 이체문제는 뉴턴 시대에 이미 기본적으로 풀렸다. 서로 끌어당기는 두 천체의 궤도 운동방정식은 정확하게 답을 구할 수 있으므로, 각종 원추곡선이 얻어진다. 이를테면 태양에 대해 지구는 이체계 상태이므로, 지구는 타원 운동을 하며 태양을 돈다.

그러나 실제로 존재하는 태양계는 태양과 지구만 있는 것이 아니라, 태양계 및 여러 행성과 기타 여러 물체들로 구성된 N 체 시스템이다. 뉴턴역학은 이체문제를 푸는 쪽에서는 큰 성과를 거두었지만 삼체문제

그림 2.5.1 푸앵카레Poincare, 1854-1912

에 대해서는 어려움이 많았다. 삼체 이상이 되면 명함도 못 내밀었다. 1년 후에 33세의 수학자가 이 상금을 가져갔다. 당시에 이미 프랑스 과학원의 회원이었던 푸앵카레가 그 주인공이다. 앙리 푸앵카레는 19세기 말, 20세기 초의 지도자급 수학자로 공인 받았고 카를 프리드리히 가우스Karl Friedrich Gauss에 이어 수학 및 그 응용에 전반적인 지식을 지녔던 최후의 1인이다.

푸앵카레는 프랑스 동부의 작은 성에서 태어났다. 아버지는 의사였고 가족 중에 유명인사가 많았다. 사촌동생은 여러 번 프랑스 총리에 출마했고 1차 세계대전 때 프랑스를 이끈 레몽 푸앵카레Raymond Poincaré 대통령도 그 중 하나다.

앙리 푸앵카레는 어릴 때 허약하고 병치레가 많아서 손발이 불편했고 운동신경의 균형을 잃었다. 나중에는 또 디프테리아에 걸려서 시력이 크게 손상되었다. 신체적으로 결함이 많은 아이였다. 실제로 푸앵카레는 58세에 세상을 떠날 때까지 줄곧 질병의 그늘에서 벗어나지 못했고, 오랫동안 끊임없이 병마와 힘겹게 싸웠다. 삶의 마지막 몇 년간에도 푸앵카레는 계속 과학계에서 활발히 활동했지만 건강 상태는 갈수록 나빠져서 전립선 수술을 두 차례나 받았다. 2차 수술을 받기 일주일 전에 푸앵카레는 프랑스 윤리교육연맹 창립대회를 위해 연설도 했는데, 연설에서 감정이 북받쳐서 자신이 일생동안 싸워온 경험을 소개했고 마음 깊은 곳에서 우러나오는 한 마디를 던졌다. "인생이란 지속적인 투쟁입니다!" 뜻밖에도 수술 후 열흘이 채 안 되어서 이 천재적인 수학계의 리더는 죽을 때까지 몸과 마음을 바친 수학 이론을 떨구고 세상을 떠났다.

어쩌면 천재 푸앵카레는 신체적으로 너무 허약했기 때문에 지능이 더 발달했는지도 모른다. 사람들은 작달막하고 통통한 체구에 금색 수염, 크고 빨간 코를 가진 '몸은 굼뜨고 예술적으론 무능하며, 마음은 딴 데가 있고 외모는 신경 쓰지 않았던' 이 사람이 수학과 물리의 여러 분야에서 뛰어난 성과를 거두리라고는 생각하지 못했다.

푸앵카레의 가장 큰 특징은 수학, 물리의 여러 분야에 지닌 안목과 견문이다. 미분방정식의 해에 대한 질적 연구Qualitative research의 장을 열었고 토폴로지의 기초를 마련했으며 수십 년 후에야 증명된 푸앵카레 추측, 부동점 정리Fixed-point theorem 등을 제기했다. 그는 엄격성에 관심이 없어서 직감으로 이론을 세웠고, 디테일에 집착하지 않았으며 치밀한 논리를 좋아하지 않았다고 한다. 또 논리는 창조성이 없고 생각을 제한한다고 생각했다고 한다. 푸앵카레는 성실한 벌처럼 수학과 이론 물리의 정원에서 부지런히 날아다니며 여러 꽃의 엑기스를 채집했고 가장 달고 영양 가치가 풍부한 꿀을 만들어서 후손들에게 보여주었다.

이쯤에서 아쉽고 이해가 안 되는 일화를 하나 소개하겠다. 왜 푸앵카레가 최초로 특수 상대성이론을 세우지 못했을까?

푸앵카레는 아인슈타인보다 앞선 1897년에 〈The Relativity of Space〉(공간의 상대성)이라는 글을 발표했는데 거기에 이미 특수 상대성이론의 흔적이 있다.[8]

1898년에 푸앵카레는 또 〈시간의 측정〉이라는 글을 발표해서 광속 불변성 가설을 제기했다. 1902년에는 상대성 원리를 밝혔고 1904년에는 로렌츠가 내놓은 두 관성기준장치inertial reference system 간의 좌표 변환 관계를 '로렌츠 변환'이라고 명명했다. 1905년 6월에는 아인슈타인보다 앞서서 〈전자동역학을 논함〉이라는 상대성 논문을 발표했다. [9, 10]

1백 여 년이 지난 지금, 공정한 평가를 내리기는 어렵다. 당시에 푸앵카레는 이미 특수 상대성 이론 근처에 접근해서 상대성 원리를 논하고 동시성 문제가 존재한다는 사실을 깊이 이해한 후 분석과 연구를 통해 로렌츠 변환이라고 이름을 지었고, 상이한 관성 장치에서 물리 법칙이 불변한다는 가설을 세웠다. 수학적인 논증을 완벽히 갖췄고 모든 준비가 끝났지만 푸앵카레는 시종일관 '에테르Aether'의 존재를 포기하지 못해서, 그 모든 것을 물질이 정지 에테르의 틀에서 운동한 결과라고 여겼다.[11, 12]

설마 푸앵카레가 당시에 이미 나이가 오십에 가까워서, 젊은 물리학자들과 같은 열정이 없었던 걸까? 어릴 때부터 몸이 허약하고 병치레가 잦아서 매사에 조심하고 신중을 기하는 습관이 생겼고, 성격상 약점이 생겼다고 해서 혁명적인 새로운 물리 이론 앞에서 겁을 먹고 위축되어 앞으로 나아가지 못한 걸까? 푸앵카레가 천재적인 수학자이긴 하지만 정통 물리학자는 아니어서 상대성 이론이라는 혁명적인 이론 물리가 갖는 의미를 깊이 인식하지 못한 걸까? [그림 2.5.2]

그림 2.5.2 1차 솔베이 회의에서 만난 푸앵카레와 아인슈타인
푸앵카레가 퀴리 부인과 문제를 토론하고 있고, 오른쪽 뒤편에 서 있는 아인슈타인이 두 사람의 토론 내용에 관심이 많은 듯한 모습이다.(Source: Solvay Congress 1911)

2.6
삼체문제와
에피소드

본론으로 돌아와서 19세기 초에 특수 상대성이론과 양자역학이 물리학계에 혁명을 일으킨 몇 년 동안 아인슈타인은 마침 젊고 혈기가 왕성하며 에너지가 넘쳤던 반면, 푸앵카레는 병에 시달리며 심신이 지칠만큼 지친 상태였다. 또한 푸앵카레는 수학의 지도자라는 무거운 짐도지고 있던 터라, 수학계에서 그가 제안해야 할 일들과 증명해야 할 유추와 정리들이 너무나 많았고, 거기에 대부분의 시간과 에너지를 쏟아야 했다. 특수 상대성이론에 관한 더 많은 문제들을 돌볼 여유가 없었던 게 분명하다.

푸앵카레가 수학자로서 평생 매달려서 끊임없이 고민하고 죽을 때까지 한 시도 잊지 못했던 것은 역시 수학 문제였고, 그가 효시를 연 미분방정식 이론 연구와 대수적 위상수학이었다. 그 속에 푸앵카레의 가장 중요한 혁신인 위상topology에 대한 질적인 그리고 전체적인 관념이 담겨 있다.

오스카르 2세가 N 체 문제에 건 상금의 액수는 크진 않았지만 전 세계의 수학자들이 벌떼처럼 모여들었다. 왜 그랬을까? 상을 탄다면 더

없이 큰 영예였고 상금이 걸린 N 체 문제는 그 자체로 수학에서 매우 중요하고 해답이 필요한 문제였기 때문이다.

이체문제는 뉴턴 시대에 이미 원만하게 풀렸지만 여전히 미해결로 남아 있었던 삼체문제는 늘 사람들의 관심사였다. 1878년에 미국의 수학자인 조지 힐George William Hill, 1838-1914이 글을 발표해서[13] 달의 근지점 이동에 주기성이 있음을 논증했다. 힐의 업적으로 푸앵카레는 삼체문제에 지대한 흥미를 갖게 되었다. 푸앵카레는 원래부터 그 문제를 연구하고 있었기 때문에 국왕의 현상 공모는 그의 마음에 꼭 들어맞았고 시기도 딱 맞았다. 명예와 재물을 동시에 얻을 수 있는 저절로 생긴 기회를 왜 마다하겠는가?

고등학교 물리를 배운 학생이라면 뉴턴의 만유인력 법칙을 적용해서 삼체문제의 운동방정식을 어렵지 않게 열거할 수 있다. 아홉 개의 방정식을 포함한 미분방정식이다. 그런데 이 방정식의 해를 구하는 것은 굉장히 어렵고, 평범한 조건에서는 정확한 해가 존재하지도 않는다. 푸앵카레는 우선 힐의 방법을 적용해서 문제를 '제한삼체문제'로 간략화 했다.

제한삼체문제는 삼체문제의 특수한 경우다. 논의의 중심인 세 개의 천체 중에서 한 천체의 질량이 다른 두 천체의 질량과 비교했을 때 무시해도 좋을 만큼 작은 경우, 이때의 삼체문제를 제한삼체문제라고 한다. 우선 작은 천체의 질량 m 을 무한대로 작다고 보면, 이것이 두 큰 천체에 미치는 작용을 고려하지 않아도 된다. 그러면 두 큰 천체는 케플러의 법칙Kepler's laws에 따라 질량중심을 돌며 안정적인 타원운동을 한다포물선과 쌍곡선의 경우는 고려 대상에서 제외하자. 그 다음에 작은 천체의 질량 m 이 유한할 때 중력장에서 두 큰 천체 m_1 과 m_2 의 운동을 생각해 보자. 다시 말해서 큰 천체에 대한 작은 천체의 작용은 무시하고 계산하지 말고, 작은 천체에 대한 큰 천체의 인력만 고려하자. 이렇게 간략화하면 처음 아홉 개의 방정식은 세 개의 변수만 갖는 미분방정식이 된다.

이를테면 힐이 달의 운동을 연구할 때 사용한 것이 바로 간략화한 평면 원형 제한삼체문제다. 힐은 태양의 궤도 이심률, 태양의 시차parallax와 달의 궤도 경사각은 생략하고 달의 중간 궤도 주기의 해를 구했다. 요즘 우주과학자들은 제한삼체문제를 활용해서 달, 지구의 인력 작용에서 인공위성, 로켓 및 각종 항공기의 운동 규칙을 연구하는 경우가 많다.

세 개의 미분방정식으로 간략화해서 변수가 세 개 밖에 없었는데도 여전히 정확한 해를 구할 수가 없었다. 푸앵카레는 문제를 해결하려면 하나에 목매지 말고 새로운 방법을 생각해내야 한다는 것을 의식했다. 어차피 정확한 해를 구할 수 없다면 정확한 해를 찾으려는 노력을 포기하면 그만이었다. 그래서 푸앵카레는 해의 성질을 정성적定性的으로 연구하기 시작했다. 즉 세 개의 미분방정식에서 출발해서 기하학적인 방법으로, 전체적으로 갖은 방법을 강구해서 존재할 수 있는 각종 천체 궤도의 성질과 형태를 이해했다. 이렇게 해서 푸앵카레는 미분방정식의 정성분석 이론 연구를 위한 길을 닦았다.

[그림 2.6.1]처럼 푸앵카레는 작은 먼지와 두 개의 큰 별을 포함하는 제한삼체문제를 정성적으로 연구했다. 이 경우에 두 큰 별의 이체문제는 정확하게 해를 구할 수 있고, 별 1과 별 2는 상대적으로 타원운동을 한다. 푸앵카레가 정성적으로 설명해야 하는 부분은 별 1과 별 2의 중력이 끌어당길 때 먼지의 운동 궤적이었다.

푸앵카레는 점진적으로 불변성을 전개하고 적분하는 방법으로 먼지의

제한삼체문제: 두 개의 별과 비교해서 먼지의 질량이 무시할 수 있으면 사실상 별의 이체문제는 먼저 풀린다. 즉 이들이 상대적으로 타원운동을 한다고 판단한다. 그 다음에 먼지의 운동을 고려한다. 이렇게 간략화해도 먼지의 궤도는 여전히 매우 복잡하다.

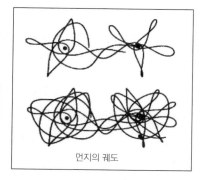

먼지의 궤도

그림 2.6.1 제한삼체문제

궤도에 대한 질적 연구를 진행했다. 동종다양체 연결궤도와 이종다양체 연결궤도(특이점에 해당) 근처에서 먼지의 행위를 면밀히 연구했지만 만족스런 결과를 얻지 못했고, 결국 1988년 5월 경진대회 마감 직전에 논문을 제출할 수밖에 없었다. 심사단은 프랑스 수학자(샤를 에르미트Charles Hermite, 에르미트행렬Hermitian Matrix은 그의 이름을 딴 것임), 독일 수학자 카를 바이어슈트라스Karl Weierstrass와 그의 학생인 스웨덴 수학자 미타그레플러Mittag-Leffler 등 당시에 굉장히 유명했던 세 명의 수학자로 구성됐다. 푸앵카레는 오스카르 2세의 요구사항에 완벽히 부합하지 않았고, N체 문제를 풀지는 못했지만, 그가 쓴 160페이지짜리 글은 그래도 심사단의 수학계의 세 거장을 더할 나위 없이 흥분시켰다. 심사단은 푸앵카레가 삼체문제에 대한 연구에서 중대한 돌파구를 찾았고, 태양계의 상대적 안정성이 확인되었다고 여겼다. 바이어슈트라스는 미타그레플러에게 보낸 편지에 이렇게 썼다.

"국왕에게 전하세요. 이 업적은 해답을 구하고자 하는 문제에 대한 완벽한 해답이라고 볼 수는 없지만, 그것의 출간은 천체역학의 새로운 시대가 탄생했음을 상징할 만큼 중요합니다. 그러니 폐하께서 기대하신 공개 경진대회의 목적은 이미 달성됐다고 봐도 좋습니다."

그래서 국왕은 기쁜 마음으로 오스카상인 2,500 스웨덴 크로나와 금으로 된 메달을 푸앵카레에게 수여했다.

1889년 겨울에 심사단은 푸앵카레의 논문을 수학 잡지에 발표하려고 준비했고, 글은 인쇄되어서 당시에 가장 유명했던 수학자들에게 발송되었다. 그런데 이때 교정을 맡았던 한 젊은 수학자가 논문 중 몇 군데의 증명이 명확하지 않음을 발견하고는 푸앵카레에게 그것을 설명할 보충자료를 추가해달라고 청했다. 그래서 푸앵카레는 그 부분에 대해 다시 깊이 연구하기 시작했다.

푸앵카레는 특이점 근처에서 먼지 궤도의 성질과 형태를 깊이 연구할수록 점점 많은 문제를 발견했다. 80여 년 후 MIT의 기상학자인 로렌츠가 맞닥뜨렸던 곤경과 상황이 조금 비슷했다. 물론 로렌츠처럼 운이 좋게 컴퓨터 화면에 나타나는 이상한 끌개 곡선을 계산하지는 못했다. 하지만 푸앵카레는 특유의 사고방식과 상상력으로 머릿속에서 제한 삼체문제의 몇 가지 특이한 해의 초기 형식을 가설해냈다. 푸앵카레는 해의 이상한 행위에서 요즘 사람들이 말하는 카오스 현상을 목격했다. 하지만 당시에 고전 세계관을 벗어나지 못한 푸앵카레는 얻어진 결과를 제대로 이해하지 못했고, 혼란스러워 하며 감탄하는데 그쳤다. "그릴 수 없는 도형의 복잡성에 경악을 금치 못하겠구나!"

[그림 2.6.1] 오른쪽 그림

해의 도형이 그릴 수 없을 정도로 복잡한 걸 보고 푸앵카레는 원래의 논문에 그 젊은이가 '증명이 명확하지 않다'고 했던 작은 문제들뿐만 아니라 오류가 하나 있다는 점을 인식했다. 그래서 서둘러서 미타그레

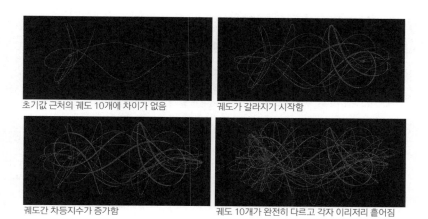

초기값 근처의 궤도 10개에 차이가 없음   궤도가 갈라지기 시작함

궤도간 차등지수가 증가함   궤도 10개가 완전히 다르고 각자 이리저리 흩어짐

그림 2.6.2 제한삼체문제 : 초기값이 미세하게 다른 궤도 10개의 시간에 따른 변화 과정

플러에게 인쇄된 잡지를 회수해서 폐기해달라고 전했다. 그런 한편 논문을 과감하게 수정하고 빠른 속도로 작성했다. 이듬해인 1890년 10월에 가서야 270페이지나 되는 푸앵카레의 논문이 새로운 버전으로 다시 출간됐다.

푸앵카레는 초판 인쇄비용인 3,585 스웨덴 크로나를 본인이 지불하겠다고 고집했다. 1년 전에 탄 상금보다 훨씬 큰 금액이었다. 여담이지만, 아쉬운 일이 또 한 번 있었다. 몇 년 전에 푸앵카레의 손자 집에서 누군가가 옛날에 푸앵카레가 받은 금메달을 훔쳐갔다는 기사가 났다. 그래서 그 현상공모전에서 푸앵카레는 오히려 1,000여 크로나를 배상했고, 후손에게 물려줄 금메달도 없어졌다. 물론 위대한 수학자에게 그깟 돈이나 메달은 그다지 대수롭지 않았다. 푸앵카레는 논문에 중요한 수정을 가한 것을 다행으로 여겼다. 그리고 그 오류 덕분에 푸앵카레는 방정식의 해에 대해서 다시 연구하고 고민했고, 안정성 정리를 수정해서 마침내 호몰로지와 코호몰로지 사이의 쌍대성을 발견했다.

푸앵카레는 간략화한 제한삼체문제도 동종다양체 연결궤도나 이종다양체 연결궤도 근처에서는 해의 형태가 매우 복잡해서, 주어진 조기 조건에 대해 시간이 무한대로 갈 때 그 궤도의 최후 운명을 거의 예측할 수 없다는 사실을 깨달았다. 이런 궤도의 장기간 행위에 대한 불확정성도 지금은 카오스 현상이라고 부른다[그림 2.6.2].

2.7
생태계의 번식과
카오스

"생명의 탄생과 소멸, 자녀의 양육, 생로병사는 모든 사람들이 관심을
갖는 문제야. 이 역시 카오스와 관계가 있다는 거 몰랐지?"
작은 교실에서 승우는 생태계 번식 중의 카오스 현상을 소개하기 시작
했다. 1년 정도의 시간이 지나면서 세 친구의 '프랙탈과 카오스' 토론
모임은 십 수 명으로 확대되었다. 대부분은 대학생이었고 정우나 민수
처럼 대학원생도 몇 명 있었다.

중국인에겐 맬서스라는 이름이 낯설지 않으며, 그의 '인구론'을 체감
한 경험을 가지고 있다. 토머스 멜서스Thomas Malthus는 1766년에 부유한
영국 가정에서 태어났다. 아버지인 다니엘은 철학자로, 프랑스의 유명
한 철학자 루소Jean-Jacques Rousseau와는 막역한 친구사이였다. 낙관적인 학
자였던 다니엘에게서 세계의 앞날을 온통 비관적인 시각으로 바라보
는 인구학자인 토머스가 태어났다는 것은 조금 뜻밖이다. 1798년에 토
머스 멜서스는 유명한 〈인구의 원리〉를 발표하여 인류에 대해 비관적
인 예언을 했다. 인구는 기하급수적으로 느는데 식량은 산술급수적으

로 늘어나므로 결국 인류는 전쟁, 전염병, 기근 등 각종 재난을 맞을 것
이라는 예언이었다.

멜서스의 인구론은 간단한 공식에 기초한다.

$$X_{n+1} = (1 + r)X_n = kX_n$$

식 2.7.1

식에서 $X_n + 1$은 $n + 1$ 대(代)의 인구수를 대표하고 X_n은 n 대의 인
구수를 대표한다. $r = (X_n + 1 - X_n) / X_n$은 인구 증가율이다. $k = 1 +$
r은 보통 1보다 큰 수다. 따라서 인구수는 k 의 멱급수로 늘어난다. 반
복 횟수를 연도로 계산한다고 가정하면 이런 공식이 나오고, 어느 해
의 처음 인구수에서 출발하면 다음 해, 그 다음 해, 또 그 다음 해의 인
구수를 추산할 수 있다.

여기에서 멜서스는 한 가지 실수를 했다. 각종 재난을 인구가 증가한
후의 결과로 보고 처리한 것이다. 하지만 실제로 전쟁, 전염병, 기근은
인구가 번식하면서 동시에 발생하므로, 방정식에 이 요소를 감안해 넣
어야 한다. 따라서 훗날 학자들은 이 이론을 수정했고, 〈식 2.7.1〉의 오
른쪽에 마이너스 제곱미터 보정항을 추가해서 다음처럼 바꿨다.

$$X_{n+1} = kX_n - (k/N) \cdot (X_n)^2$$

식 2.7.2

이 비선형 보정항은 식량의 출처, 질병, 전쟁 등 생존 환경의 요소가 인
구에 미치는 영향을 반영했고, 마이너스는 이러한 제약으로 다음 세대
의 인구 $X_n + 1$이 감소함을 나타낸다. 이것이 바로 생태학에서 유명한
로지스틱 방정식logistic equation이다. 이 방정식은 '인구'를 연구하는 데뿐만
아니라 말, 새, 곤충 등 다른 생물의 번식과 개체군의 수를 연구하는 데
도 적용할 수 있다. 〈식 2.7.2〉는 아래처럼 쓸 수 있다.

$$x_{n+1} = kx_n - k(x_n)^2 = kx_n(1 - x_n)$$

식 2.7.3

〈식 2.7.3〉에서 대문자 X 를 소문자 x 로 바꾸면 상대적 인구수인 x = X / N 을 나타낼 수 있고, N 은 최대 인구수다.

〈식 2.7.3〉에서 분명히 볼 수 있듯이 다음 세대의 x_{n+1} 은 전 세대의 x_n 과 $(1 - x_n)$ 의 곱이다. x 이 커지면 $(1 - x_n)$ 은 작아지므로, 로지스틱 방정식은 두 요인을 독려하고 억제하는 측면을 동시에 고려했다. 또한 〈식 2.7.2〉의 2항은 비선형 항이다. '비선형'이라는 말이 나오면 조심할 필요가 있다. 비선형의 효과로 방정식에 '카오스'라는 악마가 숨어들기 때문이다.

하지만 괜찮다. '뛰는 놈 위에 나는 놈이 있는' 법이니까. 알다시피 우리에겐 카오스이란 악마의 본모습을 보여줄 컴퓨터가 있다.

'카오스'라는 악마를 찾는데 있어서 컴퓨터 기술이 정말 큰 공헌을 했다. 1970년대에 로렌츠의 뒤를 이어서 여러 분야의 사람들이 컴퓨터를 활용해서 카오스 현상을 연구하고 각종 비선형 방정식의 이상한 끌개를 찾는 데 주의를 기울이기 시작했다. 당시 영국에 로버트 메이플소프 Robert Mapplethorpe라는 사람이 있었는데, 미국 프린스턴대학에 갔다가 간단하면서도 비선형적인 이 생태학의 로지스틱 방정식에 꽂혔다.

오스트레일리아 시드니에서 1938년에 태어난 로버트 메이플소프는 여러 분야를 두루 섭렵한 과학자다. 제일 처음에는 화학공학을 공부했다가 나중에 이론물리로 전향했다. 이론물리 박사이자 교수로서 여러 해 동안 활동한 로버트 메이플소프는 생태학, 인구동태 연구, 생물계의 복잡성과 안정성 등 문제에 강한 흥미가 생겼다. 그래서 프린스턴대

그림 2.7.1 오스트레일리아 출신의 영국 생태학자 로버트 메이플소프

학에서 교수로 재직한 기간1973-1988에 연구의 방향을 완전히 생물학으로 바꾸었다.

로버트 메이플소프는 로지스틱 방정식으로 곤충 개체군의 번식 규칙을 연구했다. 하지만 단순하게 기상학자 로렌츠의 전적을 따라서 로지스틱 방정식의 이상한 끌개를 그 리기만 한 것은 아니다. 그의 연구에는 그만의 독특한 부분이 있었다. 로버트가 흥미를 가진 것은 〈식 2.7.2〉 ~ 〈식 2.7.3〉의 매개변수 k 였다. 로버트는 매개변수 k 의 수치의 크기가 카오스라는 녀석이 나타날지 말지의 여부를 결정짓는다는 사실을 발견했다! 카오스라는 녀석은 k 값이 작을 때는 소리 없이 자취를 감췄고, k 가 일정한 수치로 커질 때만 모습을 나타냈다.

로버트는 1976년에 영국 〈네이처〉지에 자신의 연구 성과인 〈매우 복잡한 동역학을 표현하는 간단한 수학 모델〉을 발표했고[14], 논문은 학술계의 지대한 관심을 불러 일으켰다. 논문이 로지스틱 방정식 깊숙이 숨어 있는 풍성한 의미를 파헤쳤고, 이미 생태학의 영역을 훨씬 뛰어

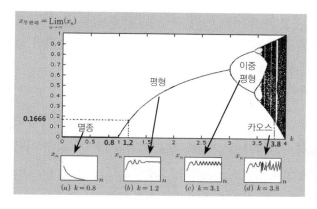

그림 2.7.2
상이한 k값에 대응
하는 로지스틱 방정식
해의 여러 장기적 행위

넘는 성과였기 때문이다.

이제 〈식 2.7.3〉과 [그림 2.7.2]의 의미를 좀 더 직관적으로 설명해서 〈식 2.7.3〉에 카오스라는 행위가 있는지를 살펴보자. 여기에서 말하는 행위는 장기적인 행위라는 점에 유의해야 한다. 즉 〈식 2.7.3〉으로 반복을 하고, 반복 횟수가 무한대로 향할 때 개체군의 수가 최종적으로 어디로 귀착하는지, 고전인지 아니면 카오스인지를 연구해야 한다. [그림 2.7.2]에서 초록색 곡선이 로버트 메이플소프의 연구 결과다. 로버트는 k 의 증가함에 따라 최종적인 상대적 개체수 x(무한대)가 변화하는 모습을 초록색 곡선으로 그렸다. x(무한대)는 n 이 무한대로 갈 때 x_n 의 극한값이다. [그림 2.7.2] 아래쪽의 네 그림은 일정한 k 값에서 반복하는 과정이다. 〈식 2.7.3〉과 그림의 x_i 는 상대적인 개체수이므로, 최대 개체수 N 에 상대적으로 정할 수 있다는 점을 명심해야 한다. 예를 들어서 N = 10000이라고 하면 개체수의 초기값은 1000을 취할 수 있다. 즉 어떤 생물이 제일 처음에 1000개가 있다면 상대적 개체수의 초기값을 어렵지 않게 계산할 수 있다. 즉 x_i = 1000 / 10000 = 0.1이다.

좀 이상해 보이는 초록색 곡선은 k의 크기에 따라서 곡선의 다양한 형태가 여러 구간으로 나뉜다. 그림에서 멸종 → 평형 → 이중평형 상태Bi-equilibrium states → 카오스라고 적힌 부분이다.

이렇게 해서 로버트는 로지스틱 방정식의 카오스란 녀석에게 매개변수 k의 수치가 굉장히 중요하다는 사실을 깨달았다. k의 수치가 커지면 카오스란 악마가 탄생할 수 있는 것이다! 그런데 카오스란 악마는 어떻게 만들어질까? 왜 k가 커지면 악마가 생길까? 그래서 로버트 메이플소프는 카오스란 악마의 탄생 과정을 면밀히 연구했다. 거기에 대해서는 다음 장에서 계속 얘기하자.

2.8

질서에서
카오스로

앞의 [그림 2.7.2]를 자세히 살펴보면서 로버트 메이플소프의 결론을 공부해 보자. 그림에서 알 수 있듯이 계의 장기적 행위는 대략 몇 가지 경우로 정리할 수 있다. 혹은 그림에서 곡선은 서로 다른 특징을 지닌 몇 부분으로 나눌 수 있다.

1. k가 1보다 작은 경우 x_n의 최종 극한값은 0이다. 출생률이 너무 낮아서 출생 수치가 사망 수를 메울 수 없고, 종족은 결국 멸종으로 향한다는 뜻이다. 예를 들어 $k = 0.8$이라면 $x_1 = 0.072$, $x_2 = 0.051$, …… , 대응하는 개체수는 각각 1000, 720, 510 …… , 절대적인 개체수가 해마다 줄어들어서 결국 0으로 간다. 이런 상황이면 종족도 멸망하니 카오스가 존재할 턱도 없다.

2. 우리가 더 관심이 많은 쪽은 k가 1보다 큰 경우다. 이때 방정식 중 1항 때문에 개체수가 해마다 증가하지만, 2항 때문에 개체수가 무한대로 증가할 순 없다. k값이 1 ~ 3 구간일 때의 초록색 곡선을 '평형기'라고 부른다. 이 경우 출생과 사망의 속도가 대등하기 때문에 최종 개체수는 하나의 고정값으로 평형을 이룬다. 예를 들

어 k = 1.2일 때 선형 증가율은 120%다. 그러면 수 년 후에 이 생물은 몇이 될까? x_0에서 시작하면 x_1 = 0.108, x_2 = 0.1157, ……이 된다. 따라서 그에 상응하는 절대 개체수는 1000, 1080, 1157, …… 이 되고. 몇 년 후에는 이 생물의 개체수가 하나의 고정값, 즉 1666으로 향한다는 사실이 증명된다. 그래서 k 값이 1 ~ 3일 때 종족의 수는 고정값으로 수렴하는, 완벽히 고전적인 상황이 되며 카오스는 보이지 않는다.

3. k = 3.8일 때 반복을 통해 얻어지는 절대 개체수는 1000, 3420, ……, 6547, 9120, 3100, 8120, ……이다. 이때는 최종 결과가 이상하다. 어떤 안정적인 상태로 좁혀지지 않고 무한대로 많은 여러 다른 수치 가운데서 무규칙적으로 널을 뛴다. 다시 말해서 악마가 튀어나오고 계는 카오스로 향한다.

1, 2의 경우는 고전적인 질서에 속하고, 3은 카오스에 해당한다. 따라서 우리의 관심사는 k = 3 ~ k = 3.8인 중간 구간이다. 이 부분을 확대해서 연구하면 [그림 2.8.1]의 위 그림과 같은 곡선을 얻을 수 있다. 로지스틱계는 어떻게 질서에서 카오스로 넘어갔을까? [그림 2.8.1]의 위쪽 그림을 보면 k 의 수치를 매끄럽게 늘려도 시스템의 장기적인 행위는 '매끄럽지'가 않음을 알 수 있다. k 의 수치가 3 근처일 때는 계에 갑작스런 변화가 생겨서, 원래 하나였던 곡선이 두 갈래로 갈라지면서 세 갈래 길이 된다! 그 다음 k 의 수치가 계속 매끄럽게 늘어나서 3.45 근처가 되면 다시 세 갈래 길로 가서, 두 곡선이 네 갈래로 나뉘고 다시 여덟 갈래, 16갈래 ……로 나뉜다. 갈래가 많아질수록 인접하는 세 갈래 길 간의 거리가 점점 짧아지고, 결국 육안으로 분간할 수 없는 세 갈래 길과 갈래가 된다.

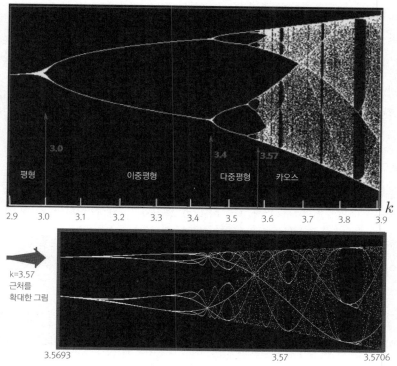

그림 2.8.1 주기배가분기period doubling bifurcation 현상 $(2.9 < k < 3.9)$

이제 감이 왔을 것이다. 카오스란 악마는 점점 분기가 많아지는 현상을
통해 만들어진다. 이것은 로버트 메이플소프의 결론이기도 했다. 사람
들은 이 분기 현상을 주기배가분기현상Bifurcation이라고 한다. '주기'라는
단어는 어디에서 튀어나왔을까? 우리가 연구한 로지스틱 〈식 2.7.3〉을
생각해 보자. 한 세대 한 세대(또는 한 해 한 해)씩 반복하는 방정식이
니까, 1년이 한 주가 된다. 예를 들어서 $k = 3 \sim k = 3.4$ 사이의 곡선
([그림 2.8.1] 중 이중평형이라고 표시된 구간)을 살펴보자. 이중평형이
란 마지막까지 반복한 후에 매년의 개체수가 두 수치 사이에서 순환하

는 것을 뜻한다. 계가 원래 상태로 돌아가는 주기가 1년에서 2년으로 바뀌었으니, 주기가 배가되었다고 할 수 있다! 그 후에 $k = 3.4 \sim k = 3.57$이면 상태의 수가 점점 많아지고, 최종 개체수는 더 많은 수치 사이에서 순환한다. 따라서 계가 어떤 평형 상태로 돌아가는 주기가 배가되고 또 배가됨으로써 점점 길어진다. 그림에서 다중평형이라고 표시되어 있는 부분이다.

k가 3.57까지 늘어나면 분기들이 서로 얽혀서 분기를 하나씩 따로 구분할 수가 없고, 주기배가분기 현상이 붕괴될 조짐이 보인다. 평형점은 이미 구분할 수 없어서 하나의 연속된 구역으로 연결된다. 최종 개체수가 주기성을 잃고, 그림에서 카오스라고 표시된 범위로 진입함을 의미한다.

앞에서 설명한 계의 상태가 매개변수의 변화에 따라 평형에서 카오스의 과정으로 향하는 것은 생태학뿐만 아니라 보편적으로 나타나는 현상이다. 주기배가분기 현상은 계에 카오스가 나타날 징조로서 결국 질서에서 무질서로, 안정적인 상태에서 카오스로 바뀐다. 앞 장에서 로렌츠 끌개를 소개할 때, 로렌츠 방정식에도 레일리 수라고 하는 R이라는 매개변수가 있었다. 레일리 수는 대기류의 점성 등 물리적 특징을 드러낸다. 당시에 로렌츠는 자신의 계에 레일리 수 $R = 28$을 사용해서 카오스 현상을 얻었다. 몇몇 다른 R값에 대해 로렌츠계는 카오스 해를 갖고, 카오스가 아닌 해도 가진다. 따라서 R이 매끄럽게 변화하면 로렌츠 시스템에서도 주기배가분기 현상을 관찰할 수 있고, 그로써 계가 질서에서 카오스로 넘어가는 과정을 살펴볼 수 있다.

과학자들은 주기배가분기 그림을 더 깊이 연구해서 주기배가분기 현상이 자기유사성과 보편성 등 중요하면서도 흥미로운 특징을 지닌다는 사실을 이끌어 냈다.

자기유사성은 뚜렷하게 드러난다. [그림 2.8.1]의 주기배가분기 곡선을 여러 눈금에서 확대하고 자세히 관찰하면 그것이 사실상 일종의 프랙탈이고, 무한히 중첩된nested 자기유사적 구조 또는 눈금 불변성scale-invariance을 지님을 알 수 있다. 즉 돋보기로 세부적인 부분을 몇 배 확대해도 전체와 유사한 구조를 갖는다. 내재적 무작위성과 밀접한 관련이 있는 이 기하학적 성질이 주기배가분기 현상과 프랙탈, 카오스, 이상한 끌개 등 사이의 내재적 연관성을 드러낸다.

다음 장에서 주기배가분기 현상의 재미있는 다른 특성들을 살펴보자.

2.9

카오스의
'불안정성'

승우는 얘기를 정리하면서 계획하고 있는 졸업 논문의 주제를 꺼냈다. "알다시피 각종 생물 개체로 이루어진 이 세상은 복잡하게 얽히고설켜 있고 어지러워. 세상의 만물이 서로를 제약하고 서로 의존하며, 자연계에서는 형형색색의 동물, 식물들이 끊임없이 태어나고 번식하며 변화하고 사망하지. 때로는 큰 파도가 모래를 밀어내고, 강자는 번성하고 약자는 도태돼. 때로는 상부상조하면서 평형을 유지하기도 하고. 영원히 중단되지 않는 다툼, 생과 사 속에서 생물 개체들의 수는 변화를 예측하기가 어려워서 일정 수준의 주기성을 나타내기도 하고, 카오스 상태로 보이기도 해. 앞에서 연구한 로지스틱 방정식의 해가 드러내는 행위와 확실히 비슷한 부분이 있어. 나는 로지스틱 방정식을 토대로 해서 여러 생물의 경쟁, 개체수가 어떻게 변하는지 등을 포함하는 생태 모델을 도출할 수 있을지를 생각하고 있어."

승우의 생각을 들은 몇몇 생물학 관련 전공생들은 흥미가 생겨서, 함께 모여 생태학 문제에 관해 열띤 토론을 하기 시작했다.

사실 로지스틱 방정식은 생태 연구 분야에 중대한 의미를 지닐 뿐 아니라, 다른 영역에서도 활발하게 응용하고 있다. 로지스틱은 한 개의 변수, 하나의 방정식만 있어서 아주 간단해 보이지만, 카오스계의 여러 특징들을 잘 드러낸다. 그동안 토론한 다른 카오스계를 기억하는가? 로렌츠 시스템과 삼체문제 등도 초기의 문제에 비하면 최종 방정식이 꽤 간단하다. 하지만 그래도 변수가 세 개, 미분방정식이 세 개나 된다. 카오스 이론의 조상격인 푸앵카레가 제기했던 정리는 얼마 후에 스웨덴 수학자인 이바르 오토 벤딕슨Ivar Otto Bendixson이 증명했다. 카오스 현상은 3차원 이상의 연속계에서만 나타날 수 있다는 논리였다. 그러나 이 정리는 이산계discrete system에는 적용되지 않으며, 로지스틱 반복 방정식이 설명하는 것은 굉장히 간단한 1차원의 이산계다. 참새는 작지만 다섯 가지 장기를 모두 갖추고 있듯이, 카오스란 녀석은 이 간단한 계에서 폴짝 튀어나와 카오스 연구자들이 가장 사랑하는 대상이 되었다.

정우는 이를 몸소 체득한 경험이 있다. 현재 유체역학, 난류 등과 관련한 과제를 하고 있는데 복잡한 시스템들이 엮여 있기 때문이다. 시스템의 차원 수가 헤아릴 수 없을 정도로 너무 높을 때면 정우는 항상 가장 간단한 1차원 로지스틱 방정식으로 돌아가서 도형을 사용하는 방법으로 문제를 고민하곤 하는데, 그러면 훨씬 쉽다는 생각이 든다. 그런데 민수가 말했다.

"아무래도 변수가 한 개인 것이 세 개일 때보다는 훨씬 간단하지. 하지만 3차원 이미지도 꽤 직관적일 때가 있어. 예를 들면 내가 컴퓨터로 이상한 끌개를 그렸을 때 나타난 로렌츠 끌개가 엄청 예뻤잖아! 로렌츠 방정식의 해는 시간의 변화에 따라 무한대로 빙빙 돌지만 영원히 중복

되지 않는 궤도잖아. 그래서 3차원 공간에 그리면 나풀나풀 춤을 추며 날개를 펴고 날아오르려고 하는 나비 같아. 그런데 이 로지스틱 방정식의 끝개를 도형으로 표현하면 안 예뻐져."

민수의 말도 일리가 있다. 로지스틱 방정식은 k 값별로 하나씩의 끝개를 갖고, 평형 구역에서 끝개는 하나의 고정점이다. 이중평형 구역에서 끝개는 두 개의 고정점이고, 다중평형 구역에서 끝개는 여러 개의 흩어지는 고정점이다. 반면 카오스 구역에서 끝개는 한데 뒤얽힌 점이다. 마지막에는 이 점들에서 무규칙적으로 이리저리 튀는 상태가 된다. 대체 어떻게 튀어 오를까? 분기 그림에서는 구체적인 과정을 명확하게 볼 수 없다. 하지만 [그림 2.9.1]의 로지스틱 반복 그림을 사용하면 여러 k 값에서 반복하는 과정에서 x_n이 수렴하는 상황을 분명히 볼 수 있다. [그림 2.9.1]에서 빨간색으로 표시한 것이 반복의 최종 과정이다. 그림에서 포물선은 로지스틱 방정식 우변의 비선형 반복 함수($x_n + 1 = kx_n(1 - x_n)$)에 대응한다.

왼쪽에서 오른쪽으로 보자. 첫 번째 그림에서 x_n은 마지막에 빨간색 점으로 모여지고, 두 번째 그림에서 x_n은 마지막에 빨간색 직사각형 구역으로 모이니까 두 개의 다른 x 값이 있다는 뜻이다. 반면 세 번째 그림에서 x_n이 마지막에 모이는 빨간색 구역은 네 개의 다른 x 값 가운데서 순환하는 모습이다. 제일 오른쪽은 카오스 상황이다. 딱 봐도 돌고 도는 빨간색 곡선이 분명히 보인다. 로렌츠의 나비 그림과 조금 비슷하기도 하다. 바로 악마가 모습을 드러낸 것이다!

로지스틱 계는 다른 계에는 별로 없는 장점이 하나 더 있다. 로지스틱 계가 대응하는 미분방정식을 사용하면 정확하게 해를 분석할 수 있다. 대부분의 비선형 계로는 정확한 해를 구할 수 없고, 반복법으로 수치

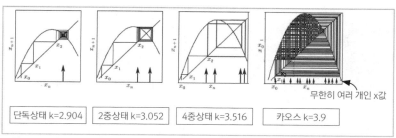

단독상태 k=2.904 2중상태 k=3.052 4중상태 k=3.516 카오스 k=3.9

무한히 여러 개인 x값

그림 2.9.1 여러 k 값에서 로지스틱 반복 그림

의 해의 질적인 성격과 해의 안정성만 연구할 수 있기 때문이다.

카오스 악마의 등장은 매개변수 k 의 수치와 관계가 있다. k 가 커질수록 악마가 등장할 확률이 높아진다. 그 안에 어떤 비밀이 숨겨져 있을까? 로지스틱 방정식에서 설명하는 생태학으로 돌아가서 매개변수 k 의 의미가 뭐였는지 기억을 더듬어 보자. k 는 개체수의 선형 증가율로, 출생율과 관련이 있다. 이 점에서 번뜩 떠오르는 게 있다. 만약 k 가 크면 개체가 너무 많이 번식을 하고, 수가 너무 빠른 속도로 늘어서 사회의 불안정 요소가 늘어난다. 그러면 당연히 쉽게 혼란이 발생해서 악마가 모습을 드러낸다.

카오스가 생기는 것은 확실히 방정식의 안정성과 관계가 있다. 따라서 계 상태의 안정성을 토론할 필요가 있다. 어떤 상태가 안정적일까? 어떤 상태가 불안정할까? [그림 2.9.2]의 왼쪽 그림을 보면 한 눈에 파악할 수 있다. 그건 중력장에서의 안정과 불안정의 개념이다. 작은 구슬의 입장에서 보면 언덕 꼭대기나 골짜기나 모두 중력장에서 가능한 평형 상태다. 하지만 꼭대기의 파란 구슬은 불안정하고, 골짜기 바닥의

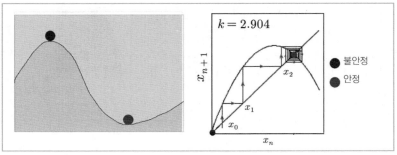

그림 2.9.2 불안정과 안정

빨간 구슬은 안정적이라는 것을 누구나 다 안다. 그 근원을 살펴보면 파란 구슬을 처음에 아주 살짝만 비뚤게 놓으면 평형을 잃고 떨어지기 때문이다. 반면 빨간 구슬은 초기의 그런 작은 오차를 신경 쓰지 않는다. 언제고 골짜기 바닥으로 굴러가서 평형을 유지할 것이기 때문이다. 좀 더 과학적인 언어로 말하면, 안정은 초기값의 변화에 민감하지 않고, 불안정은 초기값의 변화에 굉장히 민감하다. 이 의미를 로지스틱 방정식으로 확장해 보자. [그림 2.9.2]의 오른쪽 그림에서 k = 2.904일 때가 바로 끌개가 고정점인 경우다. 이때 로지스틱 방정식의 해는 그림에서 포물선과 45° 직선의 접점이고, 그림에서 이 두 선에는 두 개의 접점이 있다. 따라서 고정 끌개 $x_{(무한대)}$ = 0.66뿐 아니라 $x_{(무한대)}$ = 0도 하나의 해다. 그렇지만 그림과 같은 조건에서는 $x_{(무한대)}$ = 0.66이 안정적인 해고, $x_{(무한대)}$ = 0은 불안정한 해다. 왜 그럴까? 초기값이 0에서 조금씩 벗어나면 그림에 나타난 상황처럼 반복의 최종 결과로 0에서 점점 멀어지면서 초록색 화살표를 따라서 마지막에는 $x_{(무한대)}$ = 0.66이라는 안정적인 평형점으로 수렴하기 때문이다.

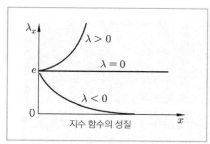

그림 2.9.3 λ에 따른 지수 함수의 성질 변화

삼체문제를 연구한 수학자 푸앵카레는 미분방정식의 정성 이론을 창시한 사람이다. 한편 미분방정식 해의 안정성 문제와 관련해서는 랴푸노프가 포문을 열었다. 알렉산드르 랴푸노프Aleksandr Mikhailovich Lyapunov, 1857-1918는 푸앵카레와 동시대에 살았던 러시아 수학자이자 물리학자다. 안정성과 밀접한 관련이 있는 랴푸노프 지수는 바로 이 학자의 이름을 딴 것이다.

계의 안정성 여부를 어떻게 판단할까? 랴푸노프는 중력장의 두 구슬이 안정적인지 여부를 판단하는 것과 비슷한 방법을 이용할 수 있다고 생각했다. 그래서 초기값이 조금씩 변할 때 계의 최종 결과가 어떻게 변하는지를 살폈고, 그것을 안정성을 판단하는 근거로 삼았다. 더 구체적으로 말하자면 계의 최종 결과인 x를 초기값 x_0의 함수로 표현해서 도형으로 나타낼 수 있다. 그러면 계의 안정성은 이 함수 도형의 향방에 달린다. 함수 도형이 [그림 2.9.3]의 어떤 곡선에 더 가까워질까? 아래쪽을 향하며 지수가 줄어들까($\lambda < 0$)? 아니면 위를 향하면서 지수가 증가할까($\lambda > 0$)? 또는 평평할까($\lambda = 0$)? 첫 번째 경우를 안정

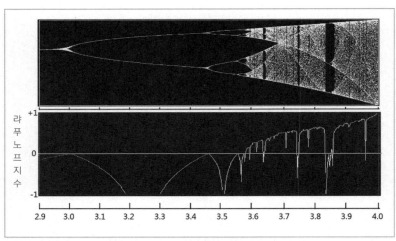

그림 2.9.4 로지스틱 계의 랴푸노프 지수와 그에 대응하는 분기 상황

적, 두 번째 경우를 불안정적이라고 판단하고 λ 가 0일 때는 임계상태다. 여기에서 λ가 바로 랴푸노프 지수다.

[그림 2.9.4]는 여러 k 값에서 로지스틱 계의 랴푸노프 지수와 그에 대응하는 분기를 나타내는 그림이다. 여기에서 λ 부호의 변화와 주기배가분기의 발생 및 카오스 악마의 등장 사이의 관계를 쉽게 볼 수 있다. k 값이 작을 때 λ 는 0보다 작고, 계가 안정 상태에 놓인다. $k = 3.0$부터 시작해서 λ 가 이따금씩 0이 되고 분기 현상이 나타나면서 계가 다중평형 상태로 변한다. 하지만 여전히 안정적이고, 대부분의 경우 λ 는 0보다 작다. $k > 3.57$부터 λ 가 0보다 커지기 시작한다. 그러면 시스템이 불안정하고 카오스로 넘어간다. 재미있는 것은 카오스 악마가 얼굴을 드러냈다가 다시 숨곤 한다는 사실이다. λ 가 0보다 큰 구간에서는 λ 의 수치가 0보다 작은 수치로 돌아가곤 하고. 다시 말해서 카

오스는 이따금씩 질서가 있는 모습으로 변하고, 이때는 분기 그림에서
공란 부분에 대응한다.

3장
잘난척쟁이 프랙탈 천사

프랙탈 음악

승우와 인영이는 손을 잡고 캠퍼스를 거닐고 있었다. 승우가 인영이에게 더 많은 프랙탈 지식을 소개하자, 음악을 전공하는 인영이가 최근에 음악과 수학의 관계에 대한 강좌를 들었다고 했다.

"프랙탈 음악fractal music이란 것도 있더라! 강좌는 웃긴 얘기로 시작됐어."

한 남자 수학 선생님이 인영이네 과에서 음악 이론을 연구하는 여자 선생님에게 물었다.

"음악에는 음이 일곱 개 밖에 없는데 왜 일평생을 바쳐서 연구를 하려고 하세요?"

음악 선생님은 잠시 머뭇거리다가 웃으며 반문했다.

"수학에도 숫자가 열 개밖에 없는데 선생님은 왜 평생 연구하려고 하시는데요? 게다가 연구한다고 해서 명확히 밝혀낸다는 법도 없잖아요?"

일반적으로 사람들은 미술조소, 건축, 회화 등과 수학이 관계가 있다는 것은 부인하지 않는다. 수학은 어느 정도 이성적인 계산이 필요하기 때문이다. 그런데 음악과 수학의 관계로 가면 얘기가 달라진다. 사람들은 대부분 어리둥절해 하면서 "수학과 음악이 관계가 있나?"라고 물을 것이다.

사실 음악이 생긴 맨 처음 단계(피타고라스 시대로 거슬러 올라감)부터 음악은 수학과 친밀한 혈연관계가 있었다. 피타고라스는 '수'가 세상 만물의 근원이라고 여겼는데, 음계 서열(5도 음 또는 8도 음)도 포함됐다. 피타고라스는 음계가 전적으로 사람의 귀로 판별하는 순수한 '자연'의 결과라기보다는 추리에서 기인했다고 생각했기 때문이다.

승우는 프랙탈 음악이 어떤 건지 알고 싶어서 마음이 급했고, 알고 나서 두 선배에게 큰소리를 칠 생각에 들떴다. 인영이는 승우가 조급해하는 모습을 보고 웃으며 말했다.

"그날 선배들이 컴퓨터로 보여준 프랙탈을 보고 만델브로 집합이 어떻게 생기는 건지 알았기에 망정이지, 그렇지 않았으면 강좌에서 프랙탈 음악이 뭔지 못 알아들었을 거야."

인영이가 얘기를 이어갔다. "만델브로 집합과 줄리아 집합 도형을 만들 때 선배들이 검정, 빨강, 노랑 등 다양한 색깔로 수학의 여러 반복성을 표시했었잖아? 프랙탈 음악을 만들 때도 선배들이 쓴 방정식으로 반복을 하면 돼."

승우는 여전히 머리를 긁적였다. "그렇지. 민수 형이 만든 프로그램에서는 반복을 거친 후에 $n \rightarrow$ 무한대일 때 Z 점에서 원점까지의 거리인 R_n의 한계 상황을 보고 점의 색을 결정했어.

예를 들면

R_n < 100이면 c 는 검정색

100 < R_n < 200이면 c 는 빨간색

200 < R_n < 300이면 c 는 주황색

300 < R_n < 400이면 c 는 노란색

……"

인영이가 말했다. "선배들이 색을 만들면 우리도 음악을 만들 수 있어……"

승우는 퍼뜩 깨달았다. "맞네, 우리가 빨주노초파남보로 칠하면 너희가 도레미파솔라시를 치는 거지."

"맞는 말이야, 백 퍼센트 가능해."

만델브로 집합 외에도 사람들은 다른 여러 종류의 프랙탈을 연구하고 있고, 자연계에 프랙탈 현상이 비일비재하다는 사실을 깨달았다. 굽이 굽이 길게 이어진 해안선에서 인체의 뇌 구조에 이르기까지, 프랙탈은 없는 곳이 없는 것 같다. 프랙탈의 가장 중요하고도 공통적인 특징은 자기유사성이다. 제일 처음에 나왔던 '양배추'의 예는 '부분과 전체의 형태가 유사하고 크기만 다를 뿐'이라는 자기유사성의 정의를 직관적으로 보여준다.

앞에서 말했듯이 프랙탈은 자기유사성 말고도 무작위성과 비선형 반복으로 인한 비선형 변이도 드러낸다.

만델브로 집합의 도형을 자세히 들여다보면, 여러 번 확대하는 과정에서 어디서 본 듯한데 또 완전히 똑같지는 않은 광경을 종종 보게 된다. 프랙탈의 자기유사성 때문에 '어디서 본 듯한' 느낌이 들고, 비선형 변환 때문에 만델브로 집합 도형이 무작위한 모습을 표출하니까 '완전히 같지는 않게' 보이는 것이다.

프랙탈은 어디에나 존재하는 만큼, 역대 음악가들이 만든 음악 속에
도 당연히 존재한다. 음악을 들으면 특정 선율이 반복해서 등장하지
만, 단순히 반복만 하는 것이 아니라 다채롭게 변화하는 경우가 많다.
이런 유사성과 무작위성이 조화롭게 어우러지고 서로 스며들고 엇갈
리면서 비슷한 것 같으면서도 무작위한 느낌을 주는데, 그래서 음악에
예술적인 감각이 입혀지고 사람의 무한한 상상력이 발휘될 수 있는 여
지가 생긴다.

사람들은 컴퓨터를 통해 음악가들의 작품을 분석하고 연구하면서 프
랙탈 구조가 클래식 음악 작품에 보편적으로 존재한다는 사실을 발견
했다. 바흐와 베토벤의 작품이 좋은 예다.

음악에는 만델브로 집합이나 줄리아 집합처럼 복잡해 보이는 프랙탈
만 존재하는 것이 아니라, 더 넓은 의미에서 보면 훌륭하면서도 간단
한 수학 규칙이 음악가들의 작품 속에 존재한다.

이를테면 건축과 회화에서 흔히 볼 수 있는 황금분할 규칙도 음악에
광범위하게 존재한다.

1990년대에 캘리포니아대학교 어바인캠퍼스University of California, Irvine '신경
생물학과 메모리 센터'의 연구원은 모차르트의 음악이 어린이들에게
신기한 힘을 가지고 있어서 어린이들의 집중력을 강화하고 창의력을
향상한다는 사실을 발견했다. 모차르트의 음악을 들으면 서로 잘 어
울리도록 도와주고 뇌 기능을 향상하는 운동을 하는 것과 비슷한 효
과를 얻는다는 것이다. 이 결론이 발표되고 나서 미국의 일부 학교들
이 교실에서 모차르트의 음악을 배경 음악으로 틀었는데, 학급의 기

율을 강화하고 학생들의 정서를 안정시키는 바람직한 효과를 거두었다고 한다.

모차르트의 음악은 바흐의 음악처럼 복잡하거나 베토벤의 음악처럼 심금을 울리기보다는 심플하면서도 순수하다. 특히 모차르트의 바이올린 협주곡은 단순하고 맑고 우아하면서도 거침이 없다. 컴퓨터를 활용해서 몇몇 모차르트 바이올린 협주곡의 형식과 구조를 연구한 사람이 있는데, 99%가 황금분할법에 완벽히 부합하거나 유사하게 부합한다는 점을 발견했다. 더 쉽게 말하면 멜로디 중에서 중요한 단락은 대부분 전체 곡의 0.618 지점에 위치했다. 또한 부주제, 음조의 변환, 주제의 반복, 후렴의 시작 등도 대부분 각 단락 중 황금분할 지점에서 일어났다.

모차르트 바이올린 협주곡이 단순하면서도 아름답다는 느낌을 주는 건, 이 간단한 황금분할 때문이 아닐까?

현대 작곡가들이 프랙탈의 반복을 통해 창작한 프랙탈 음악을 소개해 보았다. 이진법 서열, 각종 급수처럼 더 간단한 수학 규칙이나 영문학 등을 활용해서 음악을 창작하는 사람도 있다. 수학을 활용한 작곡은 현대 작곡가들 사이에서 핫hot한 주제가 되었다. 어쨌든 음악 악보도 사실상 일종의 코드이므로, 수학적인 것과 음악 코드를 상호 변환하는 방법을 찾아내면 곡을 쓸 수 있다. 듣기가 좋을지 아닌지는 별개의 문제지만 말이다.

뉴욕주립대학교 스토니브룩stony brook 캠퍼스의 한 음악과 학생은 피보나치Fibonacci 수를 바탕으로 작곡을 하고 피아노로 연주도 했다.

3.2
프랙탈 아트

그림 3.2.1 예술 속의 프랙탈

인영이는 강좌에서 들은 프랙탈 음악에 관한 소개를 마친 뒤, 얘기를 듣느라 넋이 나간 승우에게 말했다.

"이과에서 연구하는 것들을 감성적인 음악과 예술에도 응용할 수 있으리라고는 생각도 못했어! 누가 그러는데 '감성은 사람을 자연스럽게 만들고 이성은 사람을 지혜롭게 만든다. 이성과 감성이 결합해야 완벽함이 만들어 질 수 있다'고 하더라. 그거 알아? 강좌 앞부분 얘기에서 나온 그 음악이론 선생님이 바로 강의를 하신 교수님 본인이었어……"

머리 회전이 빠르고 상상력이 풍부한 승우가 말했다. "그러면 그 수학

아프리카의 부락

중국 고대 건축물

인도의 사원

에펠탑의 프랙탈 구조

그림 3.2.2 고대 건축예술 속의 프랙탈

선생님이 나중에 음악이론 선생님의 남편이 된 거 맞지?"

인영이는 말없이 승우에게 생긋 웃어주었다.

"과학은 문화와 예술의 정수야. 프랙탈 개념은 음악에 응용될 뿐 아니라 회화, 조소, 건축설계 등에서도 프랙탈을 흔하게 접할 수 있고, 자기유사성은 자연에서 쉽게 관찰할 수 있는 구조지. 따라서 [그림 3.2.1]에서처럼 여러 문명을 창조한 인간이 창작하는 예술 작품에 의식적으로 또는 무의식적으로 드러나곤 해."

프랙탈 설계는 건축설계에서 특히 많이 쓰인다. 건축은 기하학과 밀접한 관계가 있는 예술인 만큼 프랙탈 기하학이 탄생하기 전부터 무의식적으로 이뤄진 자기유사성 건축물이 많았다. 아프리카의 부락, 인도의 사원, 유럽의 성당, 중국의 고찰 등 고대 건축물에서 뚜렷한 프랙탈의 특징을 찾을 수 있다[그림 3.2.2].

그림 3.2.3 타이베이예술센터 설계방안 및 방안에서 참고한 프랙탈 도안인
맹거 스폰지|Menger sponge

프랙탈 기하학이 생긴 뒤에 독창적이고 프랙탈과 관련한 여러 건축설
계가 줄줄이 등장했다. 프랙탈 기하학 이론의 확립은 건축학의 발전에
큰 영향을 끼쳤고 건축의 형식 및 기능의 가능성을 확장했다. 또한 건
축학의 공간관과 심미관에 혁신적인 동력을 가져와서 전통 건축 설계
기법을 혁신하고 전통과 다른 건축 공간을 창조했다.

프랙탈 음악과 비슷하게, 회화 예술에서도 컴퓨터로 프랙탈 회화를 만
드는 사람이 있다. 예를 들어 서브그래프spanning subgraph와 기본 초기 도형
을 가지고 아래의 반복 과정을 진행하면 컴퓨터로 산을 만들 수 있다.

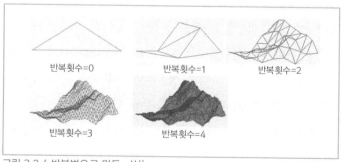

그림 3.2.4 반복법으로 만든 '산'

3.3
이미지 처리에
활용하는 프랙탈

간단한 선형 자기유사성을 갖는 몇몇 고전 프랙탈의 역사는 19세기 후반으로 거슬러 올라간다. 하지만 만델브로 도형 등 프랙탈에 대한 본격적인 연구는 최근 40년 사이의 일이다. 물론 컴퓨터의 신속한 발전과 밀접한 관련이 있다. 빠른 속도를 자랑하는 선진 컴퓨터 기술 덕분에 반복 연산을 훨씬 짧은 시간 안에 끝낼 수 있게 되었다. 또한 이미지 디스플레이 기술이 발달하면서 프랙탈의 복잡성을 탐구하기에 유리한 여건이 마련되었다. 현대의 컴퓨터 기술이 없었다면 이렇게 아름다운 만델브로 도형이나 줄리아 도형을 감상할 수 없었을 것이다.

"예술의 각도에서 보면 비선형 반복을 통해 만들어진 프랙탈 도안은 천사만큼이나 아름다워!" 정우가 말했다. "그것이 시각적인 즐거움을 주는 아름다움이라면, 프랙탈 음악은 청각적인 아름다움을 선사하지. 그런데 과학자들이 감상하는 것은 다른 종류의 아름다움일거야."
"맞아! 이 세계가 따르고 있는 과학 규칙의 내재적인 아름다움이지." 승우가 끼어들어서 거들었다.

"아직 기억하지? 컴퓨터로 만든 나뭇잎 그림이나 고사릿과 식물의 잎은 그런 상상에서 나왔고 나뭇가지, 뇌혈관, 인체까지…… 변화무쌍해 보이는 세상의 모든 존재는 어쩌면 몇 가지 간단한 생성 규칙에서 발전해 온 것이 아닌가 하는 생각을 그동안 계속 했어. 민수 형이 컴퓨터 프로그램에서 간단한 방정식으로 반복을 진행했던 것처럼, 세포는 분열에 분열을 거듭하고 반복하고 또 반복하면서 계속 대를 이어가지…… 그러다가 마지막에 우리 세계의 각종 생물체가 되고. 아, 생물뿐 아니라 구름도 있고 번개, 해안선도 있어. 간단한 규칙 몇 개로 자연의 모든 것이 생겼어."

상상의 나래를 펴는 승우의 표정을 보며 민수가 웃었다. "너무 멀리 가지는 마! 우리가 할 수 있는 걸 생각해. 방금 나뭇잎 그림이나 고사리 잎 얘기를 들으면서 얼마 전에 본 글이 생각났어. 컴퓨터 이미지 압축 기술 분야에 프랙탈을 응용하는 내용이었어."

컴퓨터 기술 덕분에 우리는 프랙탈의 복잡성을 탐구할 수가 있고, 또 반대로 프랙탈 수학은 컴퓨터 기술에 혜택을 준다. 과학과 기술은 늘 상부상조하고 서로 지원하는 관계다. 과학은 탐구에서 시작하고 기술은 응용에 입각한다. 탐구를 통해 자연의 아름다움을 발견할 수 있고, 응용을 통해 인공적인 정교함을 만들어낼 수 있다. 아름다운 사물은 응용할 수 있는 경로를 찾아내기 마련이며, 참신한 기술 아이디어는 이론의 빛을 반사하기 마련이다. 프랙탈의 아름다움과 컴퓨터 디스플레이 기술의 새로운 성과는 밀접한 관계를 두고 서로를 빛내준다.

당시에 프랙탈 연구가 여러 학문을 걸쳐 선풍을 일으킨 원인 중 하나가 바로 그토록 복잡한 구조가 간단한 변환 규칙 몇 개에서 생겨난다는 점이었다. 복잡함은 일종의 아름다움이고 간단함도 일종의 아름다움이다. 과학의 취지는 간단한 규칙으로 복잡한 자연을 설명하는 것이다. 복잡한 형태의 이면에 간단한 법칙이 숨어있을 수 있다.

복잡함을 간단하게 표현하는 프랙탈의 이 특징으로부터 사람들은 자연스럽게 프랙탈을 컴퓨터에 이미지 자료를 저장, 압축하는 방식으로 사용해야겠다는 생각을 하게 됐다. 만델브로 집합처럼 복잡한 도형도 간단한 방정식($z = z \times z + c$) 하나로 표현할 수 있다. 현재 우리의 문명사회는 디지털 정보 시대로 성큼 향하고 있다. 디지털화된 정보는 매체를 통해 기록, 전송, 저장해야 한다. 전통적인 방식으로 소리와 이미지를 저장하면 데이터의 크기가 매우 크다. 따라서 이미지 압축 기술이라는 것이 생겼다. 즉 일정 수준으로 품질을 보장한다는 조건 하에 저장하려는 정보를 적은 양에 고품질로 압축하는 것이다.

그러면 전통적인 이미지 저장 및 압축 방법에는 어떤 것이 있을까? 디지털 세계에서는 비트bit(0 또는 1)가 얼마나 필요한지로 정보량의 많고 적음을 가늠한다. 정보를 표현할 때 필요한 비트의 수치가 적을수록 좋다. 다시 말해서 정보를 압축하는 것이 가장 바람직하며, 정보를 '코딩coding'한다고도 한다. 예를 들어 [그림 3.3.1]에서 흑백인 코흐 곡선만 저장하려면 [그림 3.3.1] 오른쪽 설명 중 세 번째 방법으로 코딩을 하면 된다.

첫 번째는 가장 원시적인 방법으로, 도형을 여러 작은 격자로 나눈다. 예를 들어 [그림 3.3.1]은 256 × 640개의 격자, 즉 총 163840개의 화소로 나눌 수 있다. 그 다음 이 화소들이 지닌 정보를 저장해야 한다.

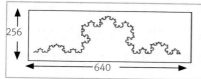

1. 256×640=163840비트
2. 256점, 1점은 2개의 정수가 필요함.
   256×2×4×8=16384비트
3. 4개의 선형 변환+2개의 초기점+1개의 지수
   4×6+2×2+1=29개의 정수 29×32=928비트

그림 3.3.1 다양한 이미지 압축 방법

[그림 3.3.1]은 흑백 도형이므로 각 화소들의 정보는 흑이 아니면 백이고, 비트의 0 또는 1에 대응한다. 하나의 화소를 하나의 비트로 표현해야 한다는 의미다. 따라서 이 코딩 방식으로 도형 전체를 저장하려면 163840개의 비트가 필요하다. 두 번째 방법은 도형을 여러 개의 점과 선으로 보는 것이다. 위의 그림은 총 256개의 직선이 있고 256개의 점으로 연결되어 있다. 때문에 점 256개의 위치만 저장하면 된다. 그림에서 각 점의 위치는 두 개의 정수로 표현해야 하고, 하나의 정수는 32개의 비트로 표현해야 하기 때문이다. 따라서 두 번째 코딩 방식에 필요한 비트 수는 256 × 2 × 32 = 16384이다. 이처럼 두 번째 방법이 첫 번째 방법보다 훨씬 경제적이다. 정보를 10배나 압축하기 때문이다. 이 도형을 프랙탈의 초기값 및 반복 함수로 코딩하는 것이 [그림 3.3.1]의 세 번째 방법이다. 세 번째 방법을 이용하면 저장하려는 정보에는 4회의 선형 변환 반복과 2개의 초기점 위치만 포함된다. 이 수치들을 비트로 환산하면 928개의 비트만 있으면 된다. 처음의 163840 비트에 비해 정보가 100배 이상 압축되는 셈이다.

이미지 압축에 프랙탈 기술을 활용하는 것과 관련해서 민수는 자신의 경험을 얘기했다. "만델브로 집단 도형을 저장할 때 bmp 파일로 저장하면 파일의 크기가 430×8000 비트이고 위에서 말한 첫 번째 방법에 해당해. 그런데 gif 파일로 저장하면 파일의 크기가 30×8000 비트에 불과하거든. 즉 이런 경우에 gif 형식은 bmp 형식에 비해 정보를 14.3배 압축하지."

민수가 계속 말했다. "하지만 gif 형식도 너무 커서, 나는 프로그램으로 그 도형을 만들 때 간단한 방정식 하나, 계수 몇 개로 정보를 저장했어. 방금 나온 코흐 곡선처럼, 최대 천 비트 몇 개면 충분해."

승우도 흥분했다. "맞아. 생물체는 어떤 유사한, 최적화된 코드를 DNA안에 저장하거든…… 자연이 만든 것이 인공적인 것보다 훨씬 정교하고 절묘할 때가 많아……"

프랙탈 이미지를 압축하는 것에 더 큰 흥미를 느낀 정우는 예전에 푸리에 변환으로 음성 신호를 압축해 봤다고 하면서 같이 공부해보자고 말했다.

민수가 덧붙였다. "그래. 이미지 신호는 우선 제쳐두자. 음성 신호의 처리가 더 기본적이고 간단하거든. 사실 음성 신호든 이미지 신호든, 가장 원시적인 정보는 모두 시간(또는 공간)에 관한 강도 함수라고 볼 수 있어. 앞에서 말했듯이 고정된 흑백 이미지는 화소 위치에서의 빛의 강도(0 또는 1)로 표현할 수 있고, 원시적인 음성 정보는 특정 시간대에서 측정한 소리의 강도로 표현할 수 있어. 따라서 가장 원시적인 저장 방법은 소리의 강도를 시간대별로 하나의 표로 작성해서 저장하는 거야. 예를 들면 전자 신호로 전환해서 카세트테이프에 보관해. 그러면 테이프의 데이터를 읽어서 다시 음성 신호로 전환할 수 있어.

소리를 저장하는 이 원시적인 방법은 전에 얘기한 이미지 코딩의 첫 번째 방법과 비슷해. 완벽하게 저장하는 방법이긴 하지만 가장 바람직하거나 가장 효과적인 방법은 아니야.

음성 신호는 시간에 따라 세기가 변하는 것 외에 아주 중요한 특징이 하나 더 있어. 바로 주파수야. 주파수는 음파 중에서 우리의 뇌에 더 깊은 인상을 남기는 부분이지. 노래를 배울 때 제일 처음 배우는 것이 '도레미파솔라시'잖아? 그건 바로 소리에 여러 기본 주파수가 있다는 말이야.”

'도레미파솔라시'를 얘기하는 대목에서 마침 인영이가 음악과 여학생과 지나가다가 듣고는 호기심에 멈춰 서서 얘기에 귀를 기울였다.

“소리에서 주파수가 이토록 중요한 만큼, 사람들은 자연스럽게 소리를 저장하려면 그 주파수를 저장해야 한다는데 생각이 이르렀어. 작곡가들은 참 똑똑해. 작곡가들은 자신이 곡을 악보라는 형식으로 기록하잖아. 그러면 주파수를 기록하는 게 아닐까? 푸리에 변환은 과학자나 엔지니어들이 사용하는 악보야. 푸리에 변환은 프랑스 수학자가 1822년에 만들었어. 음악의 악보와 비교하면 푸리에의 주파수 스펙트럼은 더하면 더했지 못하지는 않아. 음성 정보를 구성하고 있는 모든 주파수 성분을 모두 찾아냈으니 말이야. 사족을 다는 것처럼 꽤나 번거로운 과정처럼 들리긴 하지만 푸리에 변환은 수학, 물리, 여러 공학 분야에서 광범위하게 응용되고 있고, 정보 처리 기술에서 획기적인 사건으로 불릴 정도로 정보 처리에서 가장 많이 사용하는 변환이야.

주파수를 저장하면 저장하는 정보량이 적다는 장점이 있어. 전자오르간에서 중심이 되는 C 키를 누르면 오르간은 '도' 음을 내. 이 소리를 강도 - 시간 표로 저장하면 1mm마다 1강도값을 저장니까 1분이면 60000개의 실수, 3840천 비트가 필요해. 이 소리의 주파수 스펙트럼을 저장한다고 가정하고 일단 배음overtone은 고려하지 않으면, 이 주파수의 수치와 강도, 두 개의 실수만 저장하면 돼. 그러면 정보량이 수천 배로 압축되는 셈이 아닐까? 배음의 수치까지 저장해야 한다는 점을 감안해도 압축률이 수백 배에 달해."

한 여학생이 어리둥절해서 물었다. "'도' 한 음을 1분이나 치다니, 왜 그렇게 길죠?"

모두가 웃는 바람에 그 여학생은 민망해 했다. 이때 정우가 말했다.

"아주 좋은 질문이야!" 푸리에 변환은 주파수 신호만 기록하고, 시간에 대한 정보는 전혀 없어서 쓸 수가 없어. 주파수는 고정되어 있지만 시간이 무한대로 긴 자로 물건을 재는 것과 같지. 자가 너무 길잖아! 그래서 실제로 사용하는 것은 [그림 3.3.2]처럼 윈도우를 가지는 푸리에 변환Windowed Fourier transform이야. 자를 시간에 따라 한 구간씩 나눈 거지."

뭔가를 깨달은 듯이 인영이가 승우에게 말했다. "윈도우를 가지는 푸리에 변환은 음악의 악보와 논리가 비슷해. 시간도 있고 주파수도 있고. 근데…… 이런 게 우리가 토론했던 프랙탈과 무슨 관계가 있어?"

승우는 인영이에게 조금 전에 나왔던 이미지 압축에 활용하는 프랙탈을 설명했다.

"방금 얘기한 건 음성 정보에 대한 푸리에 변환 처리야. 이미지 코딩 분야로 돌아가 보면 원리가 비슷해. 다만 시간을 2차원 공간으로 대체해야 하지.

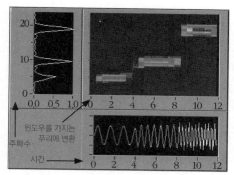

그림 3.3.2 세 구간의 상이한 주파수에 대한 사인함수로 구성된
도형의 윈도우를 가지는 푸리에 변환 결과

신호의 푸리에 변환 압축에선 신호의 주파수 특징을 이용해. 프랙탈
의 원리를 써서 이미지를 압축할 때는 도형의 자기유사성을 이용하고.
프랙탈 도형 압축 방법 반복 함수 시스템IFS: Iterated Function System 방법이라
고도 하는데 미국 조지아공과대학교의 마이클 반슬리Michael Barnsley 교수
가 처음 고안했어. 하지만 프랙탈 이미지 압축 기술은 지금까지도 제
대로 성숙하지 못한 상태야. 이미 상품화된 컴퓨터 소프트웨어가 있긴
하지만, 해결해야 할 문제가 아직 많아. 프랙탈 이미지를 압축하는 디
코딩decoding 속도는 빠른데 코딩 속도는 느려서, 한 번 써서 여러 번 읽
는 파일에 적당해.
'갈 길이 멀고 험하니 차근차근 꼼꼼히 연구해 봐야한다'는 말이 딱
맞네."

3.4
인체의 프랙탈과
카오스

승우는 몇 주 동안 인영이와 만날 틈도 없을 만큼 눈코 뜰 새 없이 바빴다. 요즘 자료와 문헌을 수집하면서 생명과학에서 프랙탈과 카오스가 어떻게 응용되는지 연구하고 있고, 금요일 모임에서 할 간단한 강연을 준비하고 있기 때문이다. 하지만 바쁘게 일한 덕분에 큰 보람을 얻었고, 많은 것을 배웠다. 무엇보다 이 지식들은 승우가 앞으로 생물학을 연구하는데 많은 도움을 줄 것이다. 그래서 승우는 몇 주간 공부에 매진하면서 느낀 점들을 적어두었다.

프랙탈이 생물의 형태에서 보편적으로 존재한다는 것은 모두가 아는 사실이며, 자연에는 동물과 식물에 프랙탈 무늬가 존재하는 사례가 적지 않다.

생명과학 분야에서 사람들은 인체 기관을 연구하면서 자기유사성, 프랙탈, 카오스의 흔적이 어디에나 있다는 사실을 발견했다. 인체의 폐세포는 나무뿌리처럼 휘감기고 뒤얽혀 있는 복잡한 망구조다. [그림 3.4.1]처럼 인체의 표면, 소장의 구조, 혈관이 뻗은 모양, 뉴런의 분포

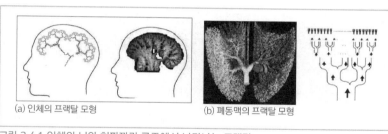

(a) 인체의 프랙탈 모형   (b) 폐동맥의 프랙탈 모형

그림 3.4.1 인체의 뇌와 허파꽈리 구조에서 나타나는 프랙탈

등은 모두 뚜렷한 프랙탈의 특징을 지닌다. 생물체의 모든 세포의 형태 구조, 유전 특성 등은 정도는 다르지만 전체 생물의 축소판으로 볼 수 있다고 하는 사람도 있다. 예를 들어 귀의 모양은 모체의 배아에서 웅 크리고 있는 태아와 매우 유사하다. 프랙탈의 각도에서 보면 이는 모두 생물체가 드러내는 자기유사성이다.

[그림 3.4.1] (a)는 인체의 프랙탈 모형으로 볼 수 있다. 19세기부터 의 학과학자들은 뇌 진화의 나선형과 자연계에서 발견되는 나선 구조가 매우 비슷하다는 점을 인식했다. '미국 신경병학의 권위자'로 불리는 찰스Charles Karsner Mills, 1845-1931는 뇌와 신경의 기능에 대해 방대한 연구를 진 행했다. 찰스가 아직 살아 있다면 지금 의학계가 자연계에 널리 존재하고 자신이 어렴풋이 인식했던 프랙탈 모델로 뇌와 신경 계통을 연구하고 설명하고 있다는 것에[15] 뿌듯해 했을 것이다.

뇌의 주름이 많을수록 똑똑하다는 말이 있다. 사람의 뇌 표면을 연구 하는 과학자들은 뇌 표면 주름의 프랙탈 구조 모델에서 출발해 프랙탈 차원을 2.73 ~ 2.78로 추산했다. 유클리드 기하학의 관점에서 보면 평면 또는 곡면의 차원은 모두 2다. 하지만 프랙탈 기하학의 각도에서 보면 뇌 표면의 주름이 많을수록 프랙탈 차원이 높아져서, 우리가 거하고 있는 3차원 공간의 차원에 가까워진다. 의학계에서는 이것이 진화 과정에서 특정 최적화 메커니즘이 작용한 결과라고 본다. 프랙탈 차원이 높을수록 한정적인 공간에서 뇌가 더 많은 표면적을 차지할 수 있고, 그러면 더 복잡한 사고능력을 갖출 수 있기 때문이다.

따라서 뇌의 프랙탈 모델을 통해 최적화의 관점에서 정보 전송, 저장 용량, 외부 자극에 대한 민감도 등과 같은 뇌의 기능을 설명할 수 있다. 폐 조직에 대한 연구도 비슷한 결과를 얻었다. 1970년대에 만델브로는 프랙탈과 카오스를 연구하던 초기에 인체의 폐가 프랙탈 구조를 갖는다고 제기했다. 후에 미국의 의학과학자인 Sergey V. Buldyrev 등[16]이 많은 연구 작업을 통해 이 점을 입증했다.

우리 폐의 표면적은 테니스장 전체 크기(750평방피트)에 상당한다. 이렇게 거대한 면적을 조그맣게 보이는 폐에 어떻게 쑤셔 넣었을까? 이것도 프랙탈 기하학의 공로다. [그림 3.4.1] (b)에서 볼 수 있듯이 인체의 기관지는 복잡한 구조와 매우 불규칙한 형태로 이뤄진 튜브망이다. 기관의 말단에서 시작해 수차례 갈라지고 또 갈라지면서 전형적으로 나무가 갈라지는 구조를 형성한다. 프랙탈이 갈라지고 접히면서 프랙탈 차원이 늘어나고, 그에 따라 기관지에서 공기를 흡수하는 표면적도 커진다. 물론 표면적이 커지면 곡면이 더 울퉁불퉁해지고, 반대로 공기의 소통을 방해한다. 결국 두 측면을 동시에 고려하고 균형을 잡아서 대략 가장 바람직한 프랙탈 차원을 도출한다. 측정에 따르면 허파꽈리

의 프랙탈 차원은 3에 매우 근접한 2.97이다.[17]

기관지와 비교하면 혈관은 더 복잡하고 정교하며 전신에 퍼져있는 프랙탈 망이라고 할 수 있다. 모든 세포와 직접 연결되려면 미세혈관은 혈구 하나만 통과할 수 있을 만큼 가늘어야 한다. 한편 대동맥은 대량의 3차원 혈류가 신속히 흐를 수 있는 기능도 갖춰야 한다. 큰 것부터 작은 것까지, 간단함에서 복잡함으로, 이 역시 프랙탈 구조의 장점인 듯하다. 인체는 전신이 혈관으로 가득하지만 혈류량의 총 체적은 인체 체적의 5% 정도만 차지한다. 세포들은 각각 직접 피를 공급받아야 하기 때문에 혈액 순환 시스템은 전체 표면적이 클 것이다. 위에서 말한 뇌와 허파꽈리의 경우와 비슷하게, 이렇게 큰 면적이 매우 한정된 체적 안에 비집고 들어가야 한다. 이에 맞는 합리적인 수학 모델을 만들자면 프랙탈밖에 없다. 또한 이 프랙탈도 차원이 3에 근접할 것임을 짐작할 수 있다. 역시나 실험으로 측정해보니 동맥의 프랙탈 차원은 약 2.7이었다. 이 차원도 인체의 진화 및 기관의 생장 과정에서 가장 바람직한 선택이었을 것이다.

앞에서 설명한 인체 기관뿐 아니라 신경 계통의 뉴런, 이중나선 구조인 DNA, 구불구불한 고리 모양의 단백질 분자, 비뇨기 계통, 간과 쓸개관 등의 형태도 모두 프랙탈 규칙을 따른다.

한의학의 경락, 혈자리와 같은 개념은 역사가 오래되었지만 여전히 신비로움을 간직하고 있다. 이 이론에 따르면 인체의 귀, 코, 혀, 손, 발 등 각 부위는 모두 인체의 축소판이다. 인체의 기관과 기능이 균형을 잃으면 이 부위에 반영되어 나오고, 이를 통해 질병을 진단하고 치료할 수 있다. 그 옳고 그름은 잠시 접어둔다고 해도, 생물 프랙탈 원리와는 일

맥상통 하듯이 잘 맞는 것 같다. 그래서 프랙탈 원리를 활용해서 전통 의학을 연구하면 침, 마사지의 원리를 더 과학적이고 합리적으로 분석하고 설명할 수 있을 듯하다.

모두가 알다시피 생물체는 모두 단일 세포의 끝없는 분열과 복제를 통해 만들어진다. 다시 말해 단일 세포는 이미 생물체의 전체 정보를 포함하고 있다. 일정한 조건에서 이 단일 세포는 자아복제와 재조직을 통해 새로운 유기체로 발육한다. 이 단세포의 만능성을 프랙탈 기하학 용어로 말하면 프랙탈의 자기유사성과 비슷하다고 할 수 있다. 그렇게 보면 모든 세포는 축소된 생물체의 복제품인 셈이다. 또는 이 복제품이 이미 생물체의 모든 세포 속에 존재하고 있다고 말할 수 있다! 따라서 현대 클론 기술의 성공을 통해 생물 프랙탈 이론이 검증되고 응용된다고 해도 전혀 과장이 아니다.

프랙탈과 카오스는 서로 통한다. 카오스는 사실 시간상의 프랙탈로 볼 수 있다. 인체 생명과학에서는 기관 등의 공간 프랙탈 구조뿐 아니라 심장에서 보내는 전류 펄스current pulse, 심장 박동, 뇌전파 등이 시간의 변화에 따른 웨이브 곡선들도 모두 프랙탈임을 관찰할 수 있다.

매우 흥미로운 것은 과학자들이 프랙탈과 카오스의 개념을 의학 연구에 처음 도입하면서 그 불규칙 현상을 활용하여 환자들의 심장박동률과 뇌전파에 나타날 수 있는 불규칙 상황들, 즉 '병적 상태'를 설명하고자 했다는 점이다. 그러나 관찰 결과는 그들의 예측을 완전히 벗어났다.

1년 동안 3천만 회를 넘어서는 사람의 심장 박동 횟수는 어떤 법칙성을 가질까? 늘 한결같을까? 박동의 빈도는 얼마나 정확할까? 그 가운

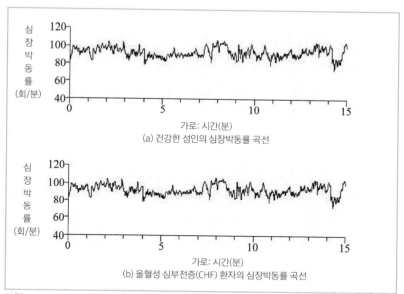

그림 3.4.2 정상인과 울혈성 심부전증 환자의 심장박동률 곡선
그림 출처: http://www.physionet.org/tutorials/ndc/

데 카오스 악마가 나타날까? 직감이나 전통 의학의 관념에 따르면 심
장박동률이 정상이면 건강하고 뇌전파가 불규칙하면 정신 착란을 뜻
하며, 따라서 심장 박동에 카오스 악마가 등장하면 질병이나 노화의
상징이라고 보는 것이 사람들의 일반적인 인식이다.[19]

그런데 생리학 프랙탈 연구는 정반대의 사실을 보여주었다. 시계열 곡
선으로 심장박동률의 변화 상황을 표시하니 건강한 성인의 심장박동
률 곡선은 울퉁불퉁하게 불규칙한 모양이었으며, 카오스와 비슷하게
자기유사성을 나타냈다. 반대로 간질 환자와 파킨슨병 환자의 심장박
동률 곡선은 규칙성과 주기적 행위를 훨씬 많이 나타내면서 더 규칙적
인 모습을 보였다[그림 3.4.2].[21]

전문가들을 어리둥절하게 만든 상황은 뇌전파 연구에서도 일어났다. 한 사람의 상이한 의식행위에서 발생하는 뇌전파는 조금씩 다르며, 발생하는 뇌전파의 주파수부터 달라진다. 빈도의 상이함에 따라 뇌전파는 크게 네 가지로 분류할 수 있다[그림 3.4.3].

정신이 또렷할 때, 특히 업무를 할 때 의식행위가 강하고 뇌파가 활발하며 빈도가 가장 높다. 이때 방출되는 뇌파를 베타파(β파)라고 한다. 사람의 지능과 관련된 베타파는 논리적 사고, 추리, 계산, 문제 해결을 할 때 필요한 뇌파다. 물론 베타파는 심리적 스트레스, 환경 부적응, 긴장과 초조함 등 부정적인 상황에도 대응한다. 주파수가 조금 낮은 뇌파는 알파파(α파)라고 한다. 상상력과 관련된 알파파는 또렷하고 이성적인 의식 차원과 잠재의식 차원 사이에 끼어 있는 다리와 같은 역할을 한다. 몸이 느슨하게 풀어지고 정신이 딴 데 가 있을 때 알파파가 종종 발생한다. 세 번째는 주파수가 더 낮은 세타파(θ파)다. 창의력이나 영감과 관련되며 잠재의식 차원에 속하는 뇌파다. 세타파는 기억, 지각, 개성 및 정서와 관계가 있으며 사람의 태도나 신념에 영향을 주고 잠을 잘 때 꿈을 꾸거나 생각, 명상에 잠길 때 발생한다. 주파수가 가장 낮은 델타파(δ파)는 직감, 육감과 관련되며 무의식 차원에 속하는 뇌파다. 델타파는 수면과 정신력, 체력을 회복하는데 필요하다.

네 유형의 뇌파 중에서 가장 중요하고 보편적인 것은 α 파다. 일반 성인이 차분하고 정신이 맑은 상태일 때 뇌에서 방출하는 뇌전파는 대체로 주파수가 8 ~ 13Hz인 α 파다. [그림 3.4.3]에서 볼 수 있듯이 정상인의 α 파는 카오스의 특징을 뚜렷하게 드러내는 반면 간질, 파킨슨

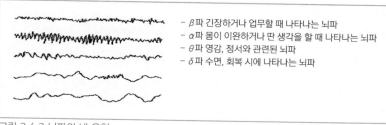

- β파 긴장하거나 업무할 때 나타나는 뇌파
- α파 몸이 이완하거나 딴 생각을 할 때 나타나는 뇌파
- θ파 영감, 정서와 관련된 뇌파
- δ파 수면, 회복 시에 나타나는 뇌파

그림 3.4.3 뇌파의 네 유형

병, 조울증 등 정신질환자의 α 파는 더 단조롭고 규칙적인 주기성이 있는 것으로 보인다.

또한 백혈병 환자의 경우 백혈구 세포 수의 변화가 주기성을 띠는 반면, 건강한 사람은 백혈구 세포 수의 변화에서 카오스의 특징을 드러낸다. 인체의 신경계통에서는 카오스도 정상적이고 건강한 상태와 특징을 드러내는 지표가 된다.

위의 사례에서 보면 카오스를 도입함으로써 생리계통에 대한 인식이 비약적으로 발전했다. 건강한 생리 상태는 본질적으로 카오스적이어야 한다. 반대로 복잡성을 잃고 등시적인isochronal 리듬이 점점 많아지면 병적 상태와 노화가 나타날 것이라는 의미다. 신장 기능에 시계추와 같은 리듬이 나타나면 뇌파의 카오스가 파괴되는 것이며, 임종 직전의 신호라고 볼 수 있다.[22][23]

이렇게 전통 의학의 추측을 벗어나는 결론들을 어떻게 카오스 이론의 관점에서 설명할 수 있을까?

앞에서 살펴봤듯이 인체의 여러 기관은 형태상으로 프랙탈 구조를 나타내므로, 이 프랙탈 구조의 기관들이 활동함에 따라 발생하는 시계열 신호는 당연히 카오스적이라는 사실을 짐작할 수 있다. 또한 한 카오스계는 몇몇 소수의 고정된 상태에 머무르지 않고, 가능한 모든 상태 사이에서 무작위적으로 이리 튀고 저리 튄다. 이렇게 예측이 불가능하게 곳곳을 누비는 특성 때문에 인체는 뛰어난 적응력과 융통성을 지니며, 여러 복잡한 환경과 여건의 변화에 대처할 수 있다. 이를 테면 뇌는 복잡하고 다차원인 카오스계로 볼 수 있다. 그래서 뇌의 활동은 카오스적이고, 초기값에 대해 매우 민감한 나비효과다. 또 그렇기 때문에 사람은 지혜롭고 예리하게 행동한다. 뇌가 복잡하고 카오스적일수록 조절력과 대응력도 강해진다. 뇌에서 발생하는 α 파가 더 규칙적이고 질서 있게 바뀌면 뇌가 병이 들었다는 뜻이며, 사람의 행동도 둔해지거나 멈춰진다. 즉 '머리가 안 돌아간다.'

또한 과학자들은 생물 조직의 프랙탈 차원이 늘어나거나 심장박동률 및 뇌전파의 카오스 수준이 높아지는 것은 모두 생물의 진화와 관련이 있다는 사실도 발견했다. 핵산의 프랙탈 차원을 연구한 결과, 분자의 진화에 따라 프랙탈 차원이 늘어났다. 예를 들어 미토콘드리아의 프랙탈 차원은 1.2이고 바이러스와 그 숙주, 전핵pronucleus과 진정핵eukaryon의 프랙탈 차원은 1.5인 반면 포유동물의 핵산 분자는 프랙탈 차원이 약 1.7이다. 사람과 다른 생물종의 심장박동률 곡선의 카오스 수준을 비교하면, 카오스가 생물 메커니즘의 진화를 가늠하는 정량 지표임을 알 수 있다.

4장
천사와 악마는 한 가족

4.1
만변의 불변

로버트 메이는 카오스 악마의 탄생을 계의 주기성이 반복적으로 돌연변이를 일으킨 결과라고 결론지었다. 좀 더 학술적인 용어로 말하면 주기배가분기 현상이라고 한다. 앞에서 로버트 메이의 생각을 바탕으로 로지스틱계가 질서에서 주기배가분기로 갔다가 다시 분기하면서 마지막에 카오스 악마가 생기는 과정을 공부했고, 카오스계의 안정성, 주기배가분기 현상의 자기유사성 등의 특징을 살펴봤다.

주기배가분기 현상의 또 다른 중요한 특징은 보편성이다.

주기배가분기 현상은 생물 개체수의 변화뿐 아니라 다른 여러 비선형계에도 존재한다. 계의 매개변수가 변하면 계의 상태수가 점점 많아지고, 특정한 상태로 돌아오는 주기가 배가되고 또 배가되다가 결국 질서에서 카오스로 향한다. 예를 들어 물리학에서 가장 간단한 개념으로 여겼던 단진자에도 카오스 악마가 숨어 있다. 외부의 힘이 커지면 새로운 주파수 성분Frequency component이 끊임없이 나타나면서 진동 주기가 계속 길어지다가 결국 카오스로 넘어간다. 중국계 미국 학자인 차이사오탕蔡少棠, Leon O. Chua이 처음에 연구한 카오스 회로도 주기배가분기의 사례였다. 이밖에 증권시장이나 사회 계층 활동에 이르기까지 모두 카오스 악마가 존재하며, 그에 동반하는 주기배가분기 현상도 존재한다.

주기배가분기와 그것을 따르는 카오스 악마가 곳곳에 존재하는 것은 보편성의 정성적인 측면이다. 보편성의 또 다른 측면인 정량적 측면은 분기의 속도와 관련이 있다.

"분기의 속도? 알았다. 점점 빨라지는 거죠?" 토론 그룹의 어린 뉴페이스가 말했다. 열 대여섯쯤의 중학생으로 보였는데, 승우는 인영이의 남동생인 인찬이이며, 올해 컴퓨터학과가 고등학교 1학년 학생 중에서 파격적으로 뽑은 신입생이라고 소개했다. 인찬이는 어려 보이는 외모와 달리 말투가 성숙하고 아는 지식도 많아서, 역시 영재다웠다. 인찬이는 [그림 2.9.4]에서 위쪽의 주기배가분기 그림을 가리켰다.

그림을 보면 분기의 속도가 확연하게 점점 빨라지고, 인접하는 두 갈림길의 시작 부분의 거리가 점점 가까워진다.

"그리고……" 나이 많은 형, 누나들 앞에서 말하기가 쑥스러웠는지 얼굴이 새빨개진 인찬이는 말을 하려다 말았지만, 인영이가 눈빛으로 전하는 격려에 힘입어서 말을 이었고, 목소리에 점점 자신감이 실렸다.

"이 그림에서…… 분기의 속도는 점점 빨라지지만, 속도가 붙을 때 어떤 규율을 따르는 것처럼 보여요. 중력장에서의 자유낙하 하는 물체 같기도 하고요. 중학교 물리 수업에서 뉴턴 법칙을 배울 때 중력가속도 g 라는 게 있었어요. 뉴턴은 떨어지는 사과를 보았는데, 떨어지는 속도가 점점 빨라지고 또 빨라졌죠…… 근데 속도의 증가 비율은 똑같았어요! 다시 말해 자유 낙하할 때 속도는 빨라지지만 가속도 g 는 변하지 않아요. 그리고 g 의 수치는 낙하하는 모든 물체에서 다 같고요. 만유인력 상수인 G 와도 관련이 있죠. 그래서 저는 비슷비슷해 보이는 분기 그림에도 뭔가 불변하는 것이 있는 것 같다는 생각을 했고, 나중에 인터넷에서 찾아보니 역시 그랬어요! 주기배가분기 그림에도 원래 델타와 알파라는 보편 상수 두 개가 있었고, 그걸 발견한 사람은 미첼 파이겐바움이에요……"

미첼 파이겐바움은 미국의 수학물리학자다. 아버지는 폴란드의 이민자고 어머니는 우크라이나 사람이다. 청소년 시기에 파이겐바움은 천재나 신동 기질을 전혀 드러내지 않는 조용한 아이였다. 하지만 생각하길 좋아하고 물리에 빠져 있었다. 박사를 졸업한 뒤에는 변변한 고정적인 일자리를 못 찾아서 몇 년간 이곳저곳을 돌아다니며 방황했다. 그러다가 서른 살에 드디어 뉴멕시코 주의 로스앨러모스 국립 연구소에 취직했다. 로스앨러모스 연구실은 핵무기를 연구하는 미국의 2대 연구소 중 하나로, 2차 대전 때 맨해튼 프로젝트가 바로 여기에서 진행되었다. 1970년대에는 이 연구실에서 많은 물리학자와 관련 학문의 기술자들을 배출했다. 보수가 높고 연구비도 적지 않았으며, 강의를 해야 한다든지 서둘러 성과를 내거나 논문을 발표해야 하는 압박도 없었다. 이곳에서 파이겐바움은 물 만난 물고기처럼 유유자적하게 지냈다. 당시만 해도 학술계에서 아직 전혀 존재감이 없었던 파이겐바움은 발표한 논문이 딱 한 편밖에 없었고 연구 성과도 미미했지만, 이론팀의 동료들 사이에서는 꽤 유명했다. 파이겐바움은 머릿속에서 특이한 아이디어들이 툭툭 튀어나오곤 했고, 시대에 맞지 않는 옷차림이나 어깨를 덮는 덥수룩한 곱슬머리 때문에 클래식 음악가처럼 보였기 때문이다. 파이겐바움이 유명세를 타게 된 이유가 또 하나 있었다. 파이겐바움은 박학다식했고 평소에 여러 문제들을 깊이 고민하는 버릇이 있어서, 어느 샌가 동

그림 4.1.1 미첼 파이겐바움Mitchell Jay Feigenbaum, 1944- 과 그가 사용한 HP-65 계산기

료들이 난제에 부딪히면 찾곤 하는 특별 고문이 되었다.

파이겐바움이 근무했던 연구팀의 과제는 유체역학 중의 난류 현상이
었고, 파이겐바움이 연구해야 하는 부분은 윌슨의 재규격화군 이론
Renormalization Group Theory으로 난류라는 세기의 난제를 해결할 수 있는지 여
부였다.
처음에 파이겐바움은 난류라는 것이 혼란스러워 보여서 연구팀의 과제
에 그다지 애정이 없는 듯했지만, 당시에 카오스에 열중하던 몇몇 과학
자들처럼 파이겐바움은 이 방향으로 연구한 덕분에 기상학자 로렌츠
가 발표한 '나비효과'와 로지스틱 반복을 통해 만들어지는 카오스 문제
를 제대로 이해하게 되었다.
파이겐바움은 로버트 메이와는 독립적으로 로지스틱 방정식을 연구했
다. 그 해에 파이겐바움은 주머니에 넣고 다닐 수 있는 HP-65 계산기
를 얻었는데, 틈만 나면 담배를 물고 산책을 하면서 계산기를 꺼내 프로
그램을 작성하곤 했고, 로지스틱 주기배가분기 현상에 푹 빠졌다.

지금 보면 굉장히 단순하지만 당시엔 판매가가 795달러나 했던 계산기는 휴렛팩커드 최초의 마그네틱 카드를 탑재했고 프로그램을 작성할 수 있으며 휴대가 가능한 제품이었다. 이 계산기로 100여 라인의 프로그램을 작성할 수 있었고 카드에 프로그램을 저장할 수도 있었다. 즉 마그네틱 카드로 읽고 쓰는 것이 가능했다. 1970년대로서는 굉장한 일이었기 때문에 HP-65는 '슈퍼스타'라는 별명을 얻었다.

'슈퍼스타'와 미국의 우주 비행사가 함께 '아폴로호'에 올라 우주로 진입했을 때 파이겐바움은 뉴멕시코 주 로스앨러모스 외곽 산동네에서 이 계산기로 로지스틱계의 카오스 악마와 씨름을 하며 악마가 출몰하는 규칙을 탐구하고 있었다. 파이겐바움은 간단한 프로그램을 작성하고 계산을 해서 물리적 추측을 검증하는 일을 즐겼다. 십 수 년 전, 대학에 다니던 시절에 처음으로 컴퓨터를 접한 파이겐바움은 한 시간 만에 뉴턴 법칙으로 근의 해를 구하는 프로그램을 작성했다.

이때 파이겐바움이 흥미를 가진 부분은 로지스틱 분기 그림에서 갈수록 많아지는 세 갈래 길이었다. 그는 계산기로 프로그램을 만들어서 세 갈래 길의 좌표, 즉 k 값과 그에 상응하는 x(무한대) 값을 계산했다. 종이에 그리면 [그림 4.1.2]와 같은 곡선이 만들어진다.

인찬이와 마찬가지로 파이겐바움 역시 k 가 커지면 세 갈래 길이 점점 빨리, 점점 촘촘해진다는 점에 주목했다. 첫 번째 갈래 길인 k_1 에서 시작해서 k_1 = 3, k_2 = 3.4494869, k_3 = 3.5440903, k_4 = 3.5644073, k_5 = 3.5687594…… k 의 표면적 수치만 봐서는 뾰족한 성과를 얻지 못한 파이겐바움은 다시 인접한 세 갈래 길들 사이의 거리인 d 를 계산했다.

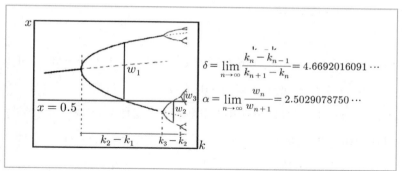

$$\delta = \lim_{n \to \infty} \frac{k_n - k_{n-1}}{k_{n+1} - k_n} = 4.6692016091 \cdots$$

$$\alpha = \lim_{n \to \infty} \frac{w_n}{w_{n+1}} = 2.5029078750 \cdots$$

그림 4.1.2 파이겐바움 상수

$d_1 = k_2 - k_1 = 0.4495\cdots$

$d_2 = k_3 - k_2 = 0.0946\cdots$

$d_3 = k_4 - k_3 = 0.0203\cdots$

$d_4 = k_5 - k_4 = 0.00435\cdots$

파이겐바움은 이 d 들 사이에 뭔가 규율이 있는 듯했다! 다음의 d 를
계산할 때마다 앞의 d 의 약 5분의 1이 나왔다. 물론 정확히 5분의 1
은 아니고 근사치였다. 어떤 상수가 장난을 치고 있는 건지 몇 개 더 계
산해보자.

$d_1 / d_2 = 4.7514$

$d_2 / d_3 = 4.6562$

$d_3 / d_4 = 4.6683$

$d_4 / d_5 = 4.6686$

$d_5 / d_6 = 4.6692$

$$d_6 \,/\, d_7 = 4.6694\cdots$$

위의 비율들을 보면 비슷비슷한데 완전히 같지는 않고, 인접한 두 비율의 차이가 점점 작아진다. 파이겐바움은 다시 몇 개를 더 계산했지만 똑같은 수치만 나왔다. 계산기의 정확성에 한계가 있기 때문이었다. 그래서 파이겐바움은 이 비율$(k_n - k_n - 1) \,/\, (k_n + 1 - k_n)$에서 n이 무한대로 가면 하나의 한계값으로 수렴한다고 추측했다.

$$\delta = 4.669201609\cdots$$

또한 파이겐바움은 [그림 4.1.2]에 표시된 w_1, w_2, $w_3(x = 0.5$부터 측정한 폭, 그림에서 붉은 선)처럼 분기 후의 폭인 w도 점점 작아진다는 점에도 주목했다. 그러면 이들의 비율도 어떤 규칙에 들어맞을까? 파이겐바움의 생각을 다시 한 번 검증해 주는 결과가 나왔다. n이 무한대로 가면 비율 $w_n \,/\, w_{n+1}$이 또 다른 한계값으로 수렴됐다.

$$\alpha = 2.502907875\cdots$$

'아, 이 분기 그림에는 두 개의 상수가 숨어 있었구나!' 파이겐바움은 물리 상수가 물리 이론에 얼마나 중요한지를 절감했고, 새로운 개념과 새로운 이론이 탄생할 때는 새로운 상수가 동반한다는 사실을 이해했다. 뉴턴역학의 만유인력 상수 G, 양자역학의 플랑크 상수 h, 상대성 이론의 광속 c …… 같은 사례가 매우 많았다. 새로운 상수를 발견하면 물리 이론의 새로운 혁명을 위한 새로운 창문이 열릴 듯했다. 여기에 생각이 미친 파이겐바움은 미친 듯이 기뻐서 바로 부모님께 전화를 걸었고, 흥분해서는 사람들이 깜짝 놀랄만한 특별한 것을 발견했다고 말했다.

악마의
집합체

인찬이가 파이겐바움의 이야기를 계속 이어갔다.

"당시의 파이겐바움은 너무나 낙관적이고 자신감이 넘쳤어요. 이 두 상수에 관한 논문을 물리 학술지에 보냈지만 둘 다 원고 심사원에게 퇴짜를 맞았어요. 하지만 파이겐바움은 조금도 낙담하지 않고 계속 집중해서 연구에 매진했죠. 그렇게 3년이 흐르자 사람들이 카오스 현상을 더 많이 이해하게 되었고 사고도 성숙해지면서 학술계에서도 파이겐바움이 하고 있는 일이 얼마나 중요한지를 점차 인식하게 되었어요. 그러면서 파이겐바움의 논문이 발표되고 파이겐바움의 몸값도 껑충 뛰어, 2년간 임시 조교를 했던 코넬대학교Cornell University의 교수로 임용되었어요. '오랫동안 부지런히 학문에 힘써 세상에 이름을 널리 알린' 셈이었는데 학술계도 사회의 축소판인 만큼, 이것이 사람의 본성이고 현실적인 사회의 모습이니 전혀 탓할 게 없었죠."

인찬이가 파이겐바움의 이야기를 마치자 학생들은 토론을 듣는 한편, 파이겐바움이 간단한 계산기로 카오스 이론의 중대한 발견을 한 것에 감탄했다. 민수가 말했다. "지금은 컴퓨터의 이미지 디스플레이 기능이 엄청 좋아서 나는 이 분기 그림을 이리 늘렸다 저리 늘렸다 하면서 놀 곤 해. 근데 그 속에 이런 보편성 규칙이 숨겨져 있는 것은 신경을 안 썼네. 그러고 보면 최상의 연구 여건이나 시설이 있어야 과학상의 중대한 발견을 하는 것은 아니야. 역시 인적인 요소가 제일이고 독립적인 사고가 중요하지."

파이겐바움 본인은 이 발견에 대해 얘기하면서 반 농담으로 이렇게 말한 적이 있다. "분기의 속도가 기하학적으로 수렴된다는 추측은 마지못해 나온 겁니다." 당시 파이겐바움이 사용하던 계산기의 계산 속도가 너무 느려서 분기 그림을 정교하게 그린다는 것은 비현실적이었다는 의미다. 이를 테면 지금 우리가 한 것처럼 컴퓨터로 프로그램을 작성하면 멀리 떨어져 있지 않은 k 값들을 로지스틱 방정식으로 수백 번 반복 연산을 해야 해상도가 꽤 높은 주기배가분기 그림을 그릴 수 있다. 요즘의 노트북으로 이 전체 계산을 완료하려면 기껏해야 몇 분이면 충분하지만, 파이겐바움의 HP-65 계산기로는 몇 날 며칠이 걸렸을 것이다. 그래서 파이겐바움은 '울며 겨자 먹기로' 머리를 굴리고 방법을 찾았다. 그는 분기점에만 흥미가 있었기 때문에 각각의 분기점 근처의 몇몇 k 값을 반복 처리만 하면 되었고, 모든 k 값을 반복 처리할 필요는 없었다. 그래서 파이겐바움은 머리를 싸매고 분기점 간의 규칙을 연구했고, 한 분기점에서 다음 분기점의 위치를 예언하고자 시도했다. 그렇게 하면 다음 분기점 근처로 바로 건너뛰어서 계산을 할 수 있어서 연산 시간이 크게 절약되었다. 바꿔 말하면 계산기의 속도가 너무 느리다는 열악한 상황 덕분에 파이겐바움은 분기간 간극의 기하학적 수렴성을 깨닫고 활용했으며, 또한 파이겐바움 상수를 발견하게 되었다. 생각해 보면 당시 파이

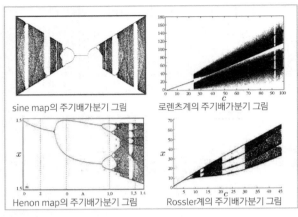

sine map의 주기배가분기 그림

로렌츠계의 주기배가분기 그림

Henon map의 주기배가분기 그림

Rossler계의 주기배가분기 그림

그림 4.2.1
주기배가분기
카오스계

겐바움이 이용한 대형 고속 전자계산기는 근소한 차이로 이 중대한 발견과 인연이 빗겨갔을지도 모르겠다.

처음에 파이겐바움은 자신의 상수를 π, e 등 기존에 알고 있는 다른 상수로 표시할 수 있을 줄 알았다. 그런데 며칠 동안 이리저리 끼워 맞춰 보았지만 아무데도 들어맞지 않았다. 파이겐바움은 '혹시 이것이 카오스 세계의 등장을 반영하는 특별한 두 상수가 아닐까? 질서에서 카오스로 가는 과정이랑만 관련이 있다면 로지스틱계를 제외한 다른 계에서 카오스 악마도 이 규칙에 따라 등장하는 것이 아닐까?'하고 생각했다. 생각이 여기에 이르자 파이겐바움은 다시 자신의 소중한 계산기를 들고 또 하나의 간단한 비선형계 사인 사상sine map에서 카오스의 주기배가분기가 만들어지는 과정을 연구했다.

$$x_{n+1} = k\sin(x_n)$$

식 4.2.1

파이겐바움은 사인 사상계의 주기배가분기 과정을 계산한 결과에 매우 흥분했다. 사인 사상계의 카오스 악마가 로지스틱계의 카오스 악마와 똑같은 규칙을 따르는 결과가 나왔기 때문이다. 두 카오스가 탄생하는 속도비velocity ratio에 동일한 기하학적 수렴 인자가 있었다.

$$\delta = 4.669201609\cdots$$

분기 후의 폭도 로지스틱계의 분기 폭과 마찬가지로, 동일한 기하학적 수렴 인자를 따라 줄어들었다.

$$\alpha = 2.502907875\cdots$$

사인 사상과 로지스틱 사상의 반복 함수는 완전히 같았다. 하나는 사인 사상 함수였고, 다른 하나인 로지스틱 사상은 2차 포물선 함수였다.

$$x_{n+1} = k x_n (1-x_n)$$

식 4.2.2

그런데 두 계에서 카오스 악마가 같은 속도로 탄생했다! 이 신기한 사실을 통해 δ 와 α, 두 파이겐바움 상수는 반복 함수의 세부 정보와 무관하고, 두 상수가 반영하는 물리의 본질은 카오스 현상 또는 질서에서 무질서로 가는 과도기의 물리 규칙과만 관계가 있음을 알 수 있다. 이것이 학술계에서 결국 깨닫고 인정할 수밖에 없었던 파이겐바움 상수의 보편성이다. 그래도 간단한 HP-65 계산기가 큰 역할을 해서 파이겐바움은 1982년에 코넬대학교 교수로 임용되었다. 1986년에는 울프 물리상Wolf Prize in Physics을 받았고, 같은 해에 록펠러대학교Rockefeller University에 임용되어 지금까지 교수로 재직하고 있다.

그 후 여러 업계의 전문가들이 동력계의 주기배가분기 현상을 더 많이 연구했는데 로렌츠계, 로지스틱계, 사인 사상계, Henon 사상계, Nacier-Stokes 사상계, 전자 카오스 회로, 시계추 등이 포함되며 [그림 4.2.1]에 그 중 일부가 정리되어 있다. 사람들은 주기배가분기를 통해 질서에서 카오스로 넘어가는 과정이면 모두 파이겐바움 상수에서 설명하는 규칙에 부합한다는 점을 발견했다. 하지만 파이겐바움 상수의 한층 깊은 물리적 본질에 대해서는 아직 정보가 별로 없어서 과학자들이 계속 열심히 탐구하고 있다. 또한 질서에서 무질서로 넘어가는 과정에는 주기배가분기뿐 아니라 3주기 분기, 다주기 분기 및 다른 루트도 있지만, 이 이론들은 아직 불분명해서 좀 더 연구하고 발굴해야 하며, 열심히 탐색할 가치가 있는 새로운 분야다.

파이겐바움 상수는 아름다운 만델브로 집합 도형에도 등장한다. 만델브로 본인이 '악마의 집합체'라고 불렀던 이 도형은 [그림 4.2.2]처럼 로지스틱 사상의 악마의 집합체를 그 실수의 축에 집합시켰다.

실제로 로지스틱계의 반복 〈식 4.2.2〉은 2차 함수의 만델브로 집합 반복 방정식으로 쉽게 변환할 수 있다.

$$x_{n+1} = x_n \cdot x_n + c \qquad \text{식 4.2.3}$$

그런데 여기에서 c 는 실수값만 취한다. c 값이 -2에서 1/4로 바뀌면 만델브로 집합의 〈식 4.2.3〉으로 반복을 하고, 각각의 c 값에 대응해 100

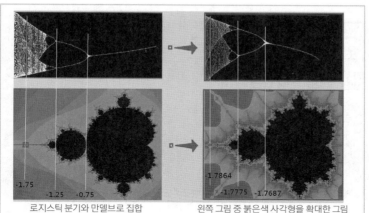

로지스틱 분기와 만델브로 집합   왼쪽 그림 중 붉은색 사각형을 확대한 그림

(위·아래 두 그림의 흰색 세로선을 연결한 것은 로지스틱 분기와 만델브로 집합의 관계를
나타낸다. 흰색 선 하단의 숫자는 만델브로 집합의 여러 복수인 c의 실수값에 대응한다.)

그림 4.2.2 주기배가분기 그림과 만델브로 집합

~ 200회 반복한 결과를 노란색 점으로 표시하면 [그림 4.2.2] 왼쪽 그림처럼 로지스틱 반복으로 얻어지는 것과 똑같은 주기배가분기 그림을 얻을 수 있다.

[그림 4.2.2]에서 위·아래 두 그림을 연결하는 흰색 세로선은 로지스틱 분기와 만델브로 집합의 관계를 나타내며, 흰색 선 하단의 숫자는 만델브로 집합의 여러 복수인 c 의 실수값에 대응한다.

4.3
카오스 게임으로
프랙탈 만들기

세 친구가 서서 얘기를 할 때면 대화 내용에서 여지없이 전공이 드러난다. 입만 열면 프랙탈과 카오스, 그리고 관련 과학자들 얘기다. 승우는 푸앵카레가 간발의 차이로 특수 상대성 이론을 발견하지 못한 에피소드를 꺼냈다. "내 생각에 푸앵카레는 본질적으로 보수적인 사람이었던 것 같아. 그리고 수학적인 안목이 물리적인 안목이나 철학적 안목을 훨씬 능가했고……"

정우는 승우의 말에 적극 동의했다. "맞아, 봐봐. 특수 상대성이론에 대한 태도나 카오스 현상을 목격했을 때의 태도가 철학이나 물리학과 같이 보수적인 관념에서 비롯됐잖아. 사실 푸앵카레는 초기 조건에 극히 민감한 카오스 현상을 이미 발견했었어. 하지만 일각에서는 푸앵카레가 호모클리닉 엉킴homoclinic tangle, 즉 카오스 현상에 대한 자신의 생각을 전부 저작물에 써넣지는 않았다고 생각해. 푸앵카레가 최종적으로 제출한 삼체문제에 관한 논문은 무려 270페이지나 되고, 나중에는 그 문제에 대해서 ≪천체역학의 새로운 방법≫ 세 권을 발표해서 천체역학에 중요한 기여를 했지. 하지만 호모클리닉 엉킴과 카오스에 대해서는 3권

397 파트에 간단히 언급한 게 전부였어. 당시에는 N 체 문제 해의 복잡성이 사람들의 상상력을 넘어선다는 점만 강조하려고 했지, 대체 얼마나 복잡한지에 대해서는 명확하게 설명하지 않았어. 푸앵카레가 저작물에 카오스에 대한 직감을 더 많이 썼더라면, 몇 년 앞서서 카오스 이론을 발견했을지도 모르지."

민수가 말했다. "에이, 그 시대에는 푸앵카레도 힘들었어. 19세기 말에는 사람들이 기본적으로 자연계를 결정론으로 이해했으니까."

아닌 게 아니라 카오스에 대한 생각은 당시 지식계의 낙관적인 정서에 전혀 맞지를 않았다. 당시 사람들에겐 현재의 상태가 주어지면 미래의 모든 것을 예측할 능력이 인간에게 있다는 것이 흥미로운 대화거리였다.

이 화제가 나오자 민수는 전에 토론했던 결정론이 다시 떠올랐다. "저번에 정우 형이 얘기하지 않았나? 양자역학에 따르면 초기 조건은 정확하게 확정할 수 없고, 이 관점은 확실히 일리가 있어. 난 양자역학에 대해선 잘 모르지만 양자역학의 불확정성 원리는 들어 봤어…… 사실 불확정성 원리는 별로 어렵지 않아. 공학에서도 두 개의 물리량을 동시에 정확이 측정할 수 없는 경우가 있거든. 시간과 주파수가 그 예지. 주파수라는 것은 일정한 시간 동안의 진동 횟수니까. 이 일정 시간이 이상적인 한 시점까지 정확할 수 있다면, 주파수는 당연히 의미를 잃을 거야. 한 시점에 대해 속도의 정의가 의미를 잃는 것처럼. 카오스라고 하면 어수선하고 무질서하며 혼란스러운 것 같고, 무작위성을 띠는 것 같지만 나는 그래도 이런 카오스 현상이 진정한 의미의 확률 과정과는 아무 상관도 없다고 생각해. 어쨌든 확정적인 미분방정식의 해니까! 그리고 로렌츠 방정식에서 생기는 카오스와 삼체문제의 카오스는 다른 거잖아? 그것들은 여러 미분방정식과 관계가 있으니까. 그래서 우리가 지금 토론하는 카오스 중 일부는, 뭐라고 해야 하나…… 여전히 결정적인 성분을 포함하고 있는 것 같아."

승우는 그 속의 오묘한 이치를 재빨리 캐치했다. "어쩐지! 책에서 그걸 결정적 카오스deterministic chaos이라고 부르는 걸 많이 봤거든. 바로 그런 이유 때문이었구나!"

하지만 승우는 민수가 말한 "카오스 현상과 진정한 확률과정은 아무 상관이 없다는" 관점에 동의하지 않았고, 얼마 전에 책에서 본 카오스 게임 얘기를 꺼냈다.

정우도 말했다. "우리가 들은 카오스 현상은 무작위와 완전히 똑같지는 않지만 확률과정과 관계가 있어. 확률과정과 결정 법칙을 결합한 것이거든. 로렌츠 방정식으로 생기는 카오스는 삼체문제로 생기는 카오스와 확연히 달라. 각자의 라벨 역할을 하면서 형태가 다른 이상한 끌개들이 있기 때문이지. 이 이상한 끌개들은 여러 프랙탈에 대응하고, 프랙탈에는 결정적인 면도 있고 무작위적인 면도 있어. 승우가 들은 얘기처럼, 이번에 소개하는 카오스 게임에서 프랙탈은 확률과정에서 만들어질 수 있다는 사실을 알 수 있어."

지금까지 소개한 프랙탈을 정리하면 대략 다음의 세 유형이다.

1. 코흐 곡선, 시어핀스키 삼각형, 드래건 커브 등은 선형 반복 과정으로 만들어진다.
2. 만델브로 집합, 줄리아 집합은 비선형 복수 반복 과정으로 만들어진다.

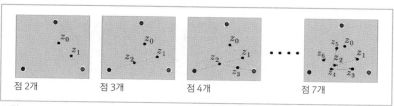

점 2개 　　　 점 3개 　　　 점 4개 　　　 점 7개

그림 4.3.1 카오스 게임법으로 시어핀스키 삼각형 만들기

3. 이상한 끌개는 로렌츠 방정식이나 삼체 운동 방정식 등 비선형 미
   분방정식으로 만들어진다.

앞에서 반복법으로 프랙탈을 만드는 방법을 소개했다. 그런데 확률과
정은 프랙탈을 어떻게 만들까? 시어핀스키 삼각형을 예로 들어보자[그
림 4.3.1].

처음 도형에 빨강, 초록, 파랑 세 개의 꼭짓점과 임의로 고른 시작점 z_0
을 그린다. 그리고 무작위로 빨강, 초록, 파랑 중 하나를 만들 수 있는
랜덤마이저$_{Randomizer}$를 준비한다. 아주 간단하다. 예를 들면 1 ~ 6이 표
시된 주사위에 새로 라벨을 붙일 수 있다. 1, 4면에는 빨간색, 2, 5면에
는 초록색, 3, 6면에는 파랑색을 붙인다. 그러면 주사위를 사용해서 빨
강, 초록, 파랑을 무작위로 뽑을 수 있다. 그러면 이제 카오스 게임을 시
작할 수 있다.

[그림 4.3.1]에서 볼 수 있듯이 z_0에서 시작해 무작위로 뽑은 색깔 점
을 이용해 z_0을 초록색 점의 중간점에 두고, 이것을 다음 점인 z_1로 삼

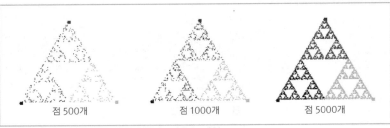

점 500개   점 1000개   점 5000개

그림 4.3.2 시어핀스키 삼각형을 만드는 카오스 게임
실험용 점의 수에 따라 다른 결과가 나온다.

는다. 그 다음 다시 무작위로 뽑은 색깔 점을 이용해 z_1 을 파란색 점의
중간점에 두고 z_2 로 삼는다…… 이런 식으로 계속 반복해서 z_3, z_4, z_5,
z_6……을 얻는다.

민수는 슬슬 지루해졌다. "그 어수선한 점들로는 아무 것도 모르겠
다……."

승우가 말했다. "좀 기다려 봐. 통계 현상은 실험용 점experimental points이 충
분히 많아야 효과를 볼 수 있거든." 아나나 다를까, [그림 4.3.2]에서 볼
수 있듯이 많은 무작위성 점을 통해 카오스 게임을 진행하니 마지막에
시어핀스키 삼각형이 만들어졌다.

민수는 [그림 4.3.2]를 보다가 다시 [그림 4.3.1]로 고개를 돌리고는 속
으로 생각했다. '이렇게 매번 무작위로 꼭짓점 하나를 선택하고 그 중간
점을 취해 다음 점으로 삼는다. 이렇게 해서 어떻게 시어핀스키 삼각형
이 생기지?' 곰곰이 생각하다가 머릿속에 반짝하고 뭔가 떠올랐다. 왠
지 쉽게 이해될 것 같았다. 반복법으로 시어핀스키 삼각형을 만들 때,

매번 반복할 때마다 늘 원래 도형의 크기를 2분의 1로 줄여 작은 도형이 세 개가 되면, 세 꼭짓점 근처에 놓아서 만들었던 과정이 떠올랐기 때문이다. '반복할 때 크기를 반으로 줄이는 과정은 이 카오스 게임에서 중간점을 취하는 것과 연관이 있구나! 근데 도형을 반복할 때는 한 번에 세 개의 작은 삼각형이 만들어졌잖아. 병렬 프로그래밍Parallel Programming처럼. 반면 카오스 게임에선 모든 프랙탈의 점이 한 점 한 점이 연결되어 서로 엮여서 무작위로 그림에 추가되고. 휴, 이걸 왜 카오스 게임이라고 부르는 거지? 재미있네! 보기에는 카오스인데 본질적으로는 반복과 똑같은 효과를 내잖아!'

민수가 카오스 게임으로 시어핀스키 삼각형이 만들어지는 비밀을 이해하고는 뿌듯해서 친구들에게 설명해주려는 참이었는데, 뜻밖에도 민수보다 며칠 먼저 카오스 게임에 관한 책을 읽은 승우가 민수보다 훨씬 깊이 이해하고 있었고, 민수가 생각하지 못한 새로운 문제를 제기했다. 승우가 정우에게 물었다.

"카오스 게임으로 시어핀스키 삼각형을 만드는 건 꽤 간단해. 형이 말한 것처럼 무작위로 꼭짓점을 택해서 중간점만 찾으면 돼. 하지만 일반 프랙탈의 경우에는 어떻게 하지? 또 비선형 방법으로 만들어진 프랙탈들은? 그것도 카오스 게임으로 만들 수 있어?"

정우는 해본 적은 없지만 원칙적으로는 가능해야 한다고 생각했다. 수학자들의 특징이 늘 특수한 사례로부터 일반적인 수학 문제를 파악한 후에 일반적인 해결 방법을 연구하는 것 아니던가?

프랙탈을 만드는데 쓰는 반복법으로 축소 변환 함수를 추출할 수 있고, 수학자들은 그것을 반복함수계Iterated Function System; IFS라고 부른다. 어떤 프랙탈이든 대응하는 IFS만 찾으면 반복법으로 만들 수 있고, 비선형의

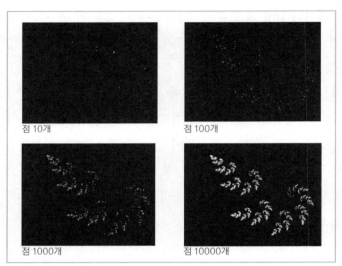

그림 4.3.3 나뭇잎을 만드는 카오스 게임

경우도 마찬가지다. 아래 공식은 시어핀스키 삼각형의 IFS다.

$$f_1(z) = z / 2$$
$$f_2(z) = z / 2 + 1 / 2$$
$$f_3(z) = z / 2 + (+ 1) / 2$$

승우가 고개를 끄덕였고 민수도 이해하기가 더 쉽다고 생각했다. "아, 반복함수계로 그것들을 연결시켰구나. 시어핀스키 삼각형 IFS의 이 많은 1 / 2들은, 내가 아까 생각한 크기를 반으로 축소하는 과정과 중간점을 취하는 방식을 수학적으로 표현한 거네." 듣기만 하던 승우가 다시 입을 열었다.

"아까 형이 정리한 세 가지 프랙탈 중에서 앞의 두 가지는 반복 과정으

로 만들어졌다는 것을 쉽게 알 수 있어. 근데 이상한 끌개 같은 프랙탈
은 미분방정식의 해잖아? 그런데 어떻게 반복 과정으로 만들지?"

민수는 드디어 나설 기회를 잡은 것이 신나서 얼른 대답했다. 이 문제
라면 민수가 제대로 알고 있었기 때문이다. 로렌츠 끌개 등 그림을 그릴
때, 그러니까 초기 시간 t_0의 초기값부터 시작해 반복법으로 다음 시
간 t_1의 값과 t_2, t_3……일 때의 수치를 만들었다. 미분방정식의 정확
한 해를 구할 수가 없어서 반복법으로 수치의 해를 구할 수밖에 없었
기 때문이다.

승우는 퍼뜩 깨달았다. "아, 그랬구나!"

4.4
카오스와
산시山西라면

민수가 칠판에 쓴 제목을 보고 승우는 의아해서 입을 쩍 벌렸다. "잘못 쓴 거 아니야? 카오스와 산시라면이 무슨 관계가 있어?"

정우는 짐작하는 바가 있었지만 싱글벙글 웃으며 승우를 놀렸다. "그러게. 오늘 우리가 요리 강좌를 들을 모양이네. 주제가 훈툰(역주: 카오스의 중국어인 훈둔과 고기와 야채를 섞은 속을 얇은 피로 싸서 끓여낸 중국요리 훈툰餛飩의 비슷한 발음을 이용한 농담)과 산시라면인가봐? 하하, 민수가 마침 산시 사람이잖아……"

민수도 웃다가 바로 컴퓨터의 마우스를 누르면서 화면상의 도형 [그림 4.4.1] 을 가리키면서 차분하게 말했다. "자세히 봐봐. 그림 (a)에서 보이는 로렌츠 끌개도 바로 카오스의 라벨이야. 그림 (b)에서 달인이 공연하는 산시라면과 아주 닮지 않았어?"

"진짜 비슷하다!" 승우는 계속 화면을 보며 놀라서 입을 벌렸다. 그 많은 산시라면을 흡입할 기세였다. 인영이가 손가락으로 승우의 턱을 몇 번 누르고 나서야 서서히 정상으로 돌아와 앉아서 이상한 제목에 대한 민수의 설명에 잠자코 귀를 기울였다.

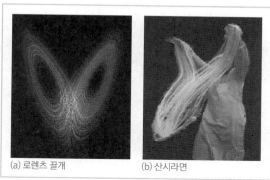

(a) 로렌츠 끌개   (b) 산시라면

그림 4.4.1 로렌츠 끌개와 라면

"산시라면은 카오스 현상과 어느 정도 맞물릴 수 있어. 그림에서 보이는 마지막 결과 때문만이 아니라, 저런 모양이 형성되는 과정에도 비슷한 부분이 많아. 물론 [그림 4.4.1] (a)에서 로렌츠 끌개는 위상 공간Phase space에서 동역학계 카오스의 해의 궤도이고, [그림 4.4.1] (b) 산시라면 퍼포먼스는 잡아당겨서 가늘어진 면을 보여주지. 두 그림은 구체적인 대상은 아무 관계가 없지만, 만드는 과정은 같은 수학 모델로 설명할 수 있어. 바로 미국 수학자 스메일Stephen Smale이 1967년에 발견한 '말발굽 사상 horseshoe map'이야. [그림 4.4.2]

말발굽 사상을 간단히 설명해 볼게.

사각형 하나를 한 방향으로 압축하면서 다른 방향으로 늘린 다음에 접어서 말발굽 모양을 만들어. 그러면 말발굽의 거의 모든 부분이 처음의 사각형으로 돌아가지. 그렇게 얻은 도형을 다시 압축하고 늘리고 접은 다음에 또 압축하고 늘리고 접어. 이렇게 계속 반복해서 언제까지 하냐면……

참을성이 바닥난 승우가 불쑥 끼어들었다. "언제까지냐면…… 하하, 면

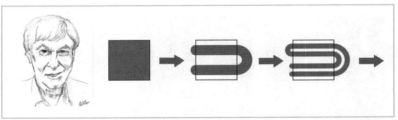

그림 4.4.2 스메일과 '말발굽 사상'

발이 우리가 좋아하는 굵기가 될 때까지지."

"맞아. 다들 기하학 도형의 변환 각도에서 직관적으로 말발굽 사상을 이해했구나! 쉬운 말로 설명하면, 산시라면의 달인이 큰 반죽 덩어리로 라면을 만드는 과정이겠지?

그런데 스메일은 어떤 사람일까? 말발굽 사상은 또 카오스 이론과 어떤 관계가 있을까? 우리는 카오스 현상의 이런저런 것들을 배우고 이해했는데, 왜 더 공부해야 할까?"

주인공인 스메일의 얘기부터 해보자.

스메일은 1930년에 미국 미시건 주에서 태어났다. 이 순수한 미국인에겐 남다르게 독특한 점이 두 가지 있다. 하나는 미국 공산당원 가정에서 태어났고, 스메일 본인도 급진적이고 적극적인 공산당원이라는 점이다. 두 번째는 친구들 사이에선 똑똑한 청년으로 통했지만 대학 시절에는 성적이 별로였다. 평균이 C 였고 어쩌다가 B 가 한두 개 있는 수준이었다.

금은 언젠가는 빛을 발하기 마련인 건지, 어찌됐든 스메일은 결국 돌아온 탕자처럼 대기만성형이었다. 박사학위를 받고 시카고대학 교수로 임용되면서부터 수학에 올인했는데 푸앵카레가 창시한 토폴로지에 빠졌고 종종 세계적 수준의 성과를 내곤 했다.

토폴로지에서는 기하학 도형의 불변하는 내재적 성질을 연구한다. 예를 들어 토폴로지의 관점에서 보면 밀가루 반죽을 뭉쳐서 공을 만드는 것과 타원형을 만드는 것은 같다. 하지만 반죽으로 도넛을 만들면 밀가루 공과 위상 형태가 달라진다. 반죽 가운데에 구멍이 있기 때문이다. 쉽게 말하면 토폴로지는 기하학 형체에 구멍이 있는지 없는지, 구멍이 몇 개인지, 매듭이 있는지 없는지, 어떻게 매듭을 짓는지, 매듭이 몇 개인지와 같은 문제들을 전문적으로 연구하는 학문이다. 별로 어렵지 않은 문제처럼 들리지만, 엄격하게 추상적인 수학 용어로 설명하려면 밀가루 반죽처럼 눈으로 볼 수 있는 2차원, 3차원의 경우만 연구하는 수준을 넘어서, n 차원의 경우가 되면 혀를 쭉 빼고 미간을 찡그리게 될 것이다. 스메일은 학창 시절에 성적은 별로였지만 위상을 다루는 데 있어서만큼은 척척박사였다. 사회생활을 시작한 1957년에 스메일은 세계적 수준으로 구체의 뒤집기 문제를 해결했고, 구의 한 면을 안에서 밖으로 뒤집는 것이 가능함을 증명했다. 2 ~ 3년 후에는 한층 업그레이드 된 위상을 다루는 기술로 사람들을 놀라게 하며 '일반화된 푸앵카레추측 Generalized Poincaré conjecture'을 증명했다. 세상 사람들의 이목을 집중시키는 이 성과로 1966년에는 필즈상 Fields Medal을 수상하기도 했고. 필즈상은 수학 분야의 최고의 영예로 '수학계의 노벨상'이라고 불린다. 2006년에는 울프 Wolf상을 받기도 했다.

스메일은 수학적으로 놀랍고 비범한 통찰력을 지녔다. 스메일은 사람들이 어렵게 여기고 쉽게 접근하지 못하는 연구 방향에 맹렬히 파고들곤 했고, 늘 예상을 뒤엎는 성과를 냈다. 스메일이 풀어낸 '일반화된 푸앵카레추측'만 해도, 원래 버전인 '푸앵카레추측'은 4차원 이하의 위상다양체topological manifold를 겨냥한 것이었다. 실제로 1차원, 2차원의 상황은 평범해서 19세기에 이미 해결되었고, 3차원의 상황만 미해결로 남아 있었다. 그런데 '일반화된 푸앵카레추측'은 4차원 및 그 이상의 위상다양체를 대상으로 한다. 앞에서 얘기했듯이 고차원의 기하학 도형은 사람의 상상력을 벗어나기 때문에 보통 저차원의 상황보다 훨씬 어렵다. 그래서 대부분의 수학자들은 그 골격이라 할 수 있는 3차원 '푸앵카레추측'에 죽어라고 매달렸다. 그런데 스메일은 달랐다. 처음부터 4차원 이상의 경우를 물고 늘어졌다. 아마 무의식적으로 이 특수한 문제가 고차원에서 더 쉬울 것이라는 점을 인식한 듯하다. 결국 스메일은 동료들을 깜짝 놀라게 했고, 고차원 문제를 풀어냈다! 그리고 4차원의 경우는 20년이 지난 1982년에서야 마이클 프리드먼Michael Freedman이 해결했고, 프리드먼도 필즈상을 받았다. 20년이 지난 2003년에는 37세의 러시아 수학자인 그리고리 페렐만Grigori Perelman이 3차원의 오리지널 버전인 푸앵카레추측을 최종적으로 풀어서 필즈상을 받았고, Clay 연구소에서 상금 100만 달러를 받았다. 하지만 페렐만은 많은 수학자들이 꿈에도 그리는 이 두 영예를 거절했다. 이건 다른 얘기니까 그냥 넘어가자.

본론으로 돌아가서 스메일이 '카오스와 산시라면'과 어떤 관계가 있는지 살펴보자.

스메일이 '일반화된 푸앵카레추측'을 무너뜨린 것은 리우데자네이루의

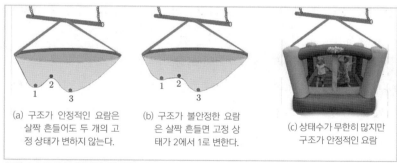

(a) 구조가 안정적인 요람은 살짝 흔들어도 두 개의 고정 상태가 변하지 않는다.

(b) 구조가 불안정한 요람은 살짝 흔들면 고정 상태가 2에서 1로 변한다.

(c) 상태수가 무한히 많지만 구조가 안정적인 요람

그림 4.4.3 구조 안정성 설명도

해변에서였다. 아름다운 해변의 풍경과 브라질의 다채로운 문화가 과학자의 상상을 자극하기에 최고의 분위기를 제공했었는지, 푸앵카레의 팬이었던 스메일은 매력적인 해변에서 푸앵카레가 창립한 토폴로지를 즐겼고, 때로는 푸앵카레가 독자적으로 기른 또 하나의 귀염둥이, 비선형 동역학계 이론을 추구하기도 했다. 짙푸른 바다에서 헤엄을 치든 길거리의 군중 속에 미친 듯이 삼바 춤을 추든, 스메일의 머릿속에는 토폴로지와 동역학계의 실루엣이 떠나질 않았다.

동역학계에서 스메일이 흥미를 갖는 부분은 구조 안정성이라는 문제였어. 2장 **2.9**에서 리야푸노프 지수lyapunov exponent를 소개할 때도 로지스틱계의 안정성 문제를 토론했었다. [그림 2.9.4]에서 로지스틱계의 리야푸노프 지수를 복습해 보자. 지수가 마이너스 수이면 계가 안정적이고 지수가 0보다 크면 계가 불안정하며 카오스가 나타났다.

비유를 통해서 그 차이점을 설명해 보자.

[그림 4.4.3]에서 (a)와 (b)는 특별한 모양의 요람을 나타낸다. 이 요람은 바닥이 울퉁불퉁하다. 아이(그림에선 작은 공)에게 위치 2는 불안정하

고 위치 1과 3은 안정적이다. 이 안정성에 대응하는 리야푸노프 지수는 2 부분에서는 플러스고 1, 3에서는 마이너스다. 따라서 (a)와 (b)의 요람에는 1과 3이라는 두 개의 안정점이 있다.

하지만 구조 안정성 측면에 있어서 그림 (a)와 (b)는 조금 다르다. 구조 안정성에서는 계의 매개변수가 조금씩 변할 때 계의 동역학 행위가 본질적으로 바뀌는지 여부를 고려하기 때문이다. 우리가 든 예에선 요람을 살짝 흔들 때의 경우를 연구했는데, 요람을 왼쪽으로 살짝 기울여보자. 그림 (a)의 요람에는 그다지 큰 변화가 없어서 점 2는 계속 불안정하고 1, 3은 안정적일 것이다. 그림 (b)의 요람은 변화가 생긴다. 점 1이 조금 들려서 안정점에서 불안정점으로 바뀐다. 그래서 계는 안정점이 두 개에서 하나로 바뀐다. 이것을 계의 동역학 행위가 본질적으로 바뀌었다고 한다. 그래서 그림 (a)는 구조가 안정적이고 (b)는 '구조가 불안정'하다고 말한다.

그림 (c)에서는 균형점이 두 개인 요람을 형태가 고정적이지 않은 공기 주입식 집으로 바꾸어서, 균형 상태가 무한히 많은 카오스계를 시뮬레이션 했다. 집에 있는 아이들은 중심을 잡지 못하고 이리저리 비틀거리느라 제대로 설 수가 없고, 국부적으로 안정성이 없는 계는 다양한 상태를 가질 수 있어서 카오스와 아주 비슷하다. 또한 살짝 흔드는 걸로는 전체 구조의 본질적인 성질을 바꿀 수 없기 때문에, 그 안에 있는 아이들은 결국 안정적이고 안전하다.

이렇게 스메일 등이 연구한 동역학계의 안정성은 위상 전체 구조의 안정성이다. 그런데 스메일은 처음에 실수를 했다. 이 안정성이 카오스가 아닌 해의 계에만 적용된다는 잘못된 추측을 했고, 카오스계는 구조가 안정적일 수 없다고 추측했다.

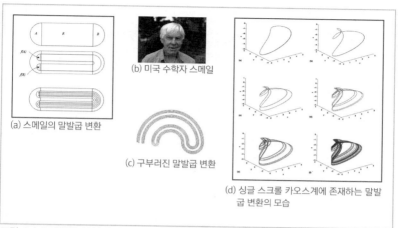

(a) 스메일의 말발굽 변환

(b) 미국 수학자 스메일

(c) 구부러진 말발굽 변환

(d) 싱글 스크롤 카오스계에 존재하는 말발
굽 변환의 모습

그림 4.4.4 말발굽 사상과 이상한 끌개의 형성 과정

후에 MIT의 레빈슨N. Levinson이 스메일에게 편지를 보내 구조가 안정적인 카오스계의 반례를 제시했고, 그것을 계기로 스메일은 카오스계의 구조 안정성 문제를 깊이 연구하고 위상 공간에서 궤도 모양의 위상 변환을 고민하게 되었다. 스메일은 1998년에 한 글에서 당시를 회상하며 말했어. "내 원래의 추측이 틀렸다. 카오스는 카트라이트Cartwright와 리틀우드Littlewood 분석에 이미 숨겨져 있었다! 이제 수수께끼가 풀렸고, 그것을 공부하는 과정에서 나는 말발굽을 발견했다!"

스메일은 말발굽 사상을 압축하고 늘리고 접는 방식으로 동역학계에서 카오스 궤도의 복잡함이 만들어지는 과정을 시뮬레이션 했는데, 실제로 요리사가 밀가루를 반죽하는 과정, 즉 산시라면을 만드는 과정과 비슷하다. 압축하고 늘리는 변환을 통해 서로 인접한 상태가 분리되면서 궤도가 흩어지고, 접는 변환으로 예측할 수 없는 불규칙한 궤도 형태가 만들어진다. 요리사가 반죽을 하기 전에 반죽 표면에 빨간색을 칠하면 반복해서 주무르고 밀어서 피고 눌러서 구불구불해지는 과정에서 동역학계의 궤도처럼, 원래 가까이 있었던 빨간 밀가루 알갱이들이 점점 분리되고 원래 멀리 떨어져 있던 알갱이들은 계속 가까워지면서, 마지막에는 초기 상태를 싹 망각하고 카오스가 나타날 것이다[그림 4.4.4]. 스메일은 말발굽 사상의 함수는 카오스적이기도 하고 구조가 안정적이기도 하다는 점을 증명했다. 따라서 말발굽 사상에서는 카오스, 국부적 불안정성, 구조적 안정성이 동시에 존재한다. 어수선하고 안정적으로 설 수 없지만 안전함이 공존하는 [그림 4.4.3] (c)의 흔들리는 공기 주입식 집과도 조금 비슷하다. 또 우리가 잘 아는 로렌츠 끌개 이미지처럼 카오스 궤도는 서로 교차하고 엉키면서 영원히 중복되지는 않지만, 전체적으로 보면 구조가 안정적인 것과도 비슷하다.

말발굽 사상은 엄격한 수학 모델로 카오스의 본질을 설명했고, 동역학계 운동에 대한 직관적인 기하학 이미지를 제공함으로써 카오스 끌개가 컴퓨터 수치의 계산 오차로 만들어진 것이 아니라, 확실히 존재한다는 사실을 증명했다. 대부분은 계의 비선형 특성이 장난을 치기 때문이지만 말이다.

카오스 현상은 비선형계의 특징이라서 차원이 유한한 선형계에서는 카오스 악마가 나타날 수 없지만 차원이 무한한 선형계에서는 카오스가 나타날 수 있다. 또한 미분방정식으로 설명하는 연속계continuous system와 그에 대응하는 이산계discrete system의 카오스도 모습이 조금 다르다. 푸앵카레는 3차원 이상의 연속계에서만 카오스가 나타날 수 있음을 증명한 바 있다. 한편 이산계는 차원의 제한이 없다, 우리가 토론했던 로지스틱 사상이 바로 1차원계에서 카오스가 나타나는 전형적인 사례다.

자연계에는 비선형계가 훨씬 많다. 자연 현상은 본질적으로 복잡하고 비선형적이다. 그래서 카오스 현상은 자연에서 흔히 볼 수 있는 보편적인 현상이다. 물론 어느 정도는 선형에 근접할 수 있는 자연 현상도 많다. 지금까지 전통 물리학과 다른 자연과학의 선형 모델이 큰 성공을 거둘 수 있었던 원인이 바로 여기에 있다.

사람들이 자연계의 여러 복잡한 현상을 본격적으로 연구하고, 각 분야에서 갈수록 많은 과학자들이 선형 모델의 한계를 깨닫기 시작하면서 비선형 연구는 21세기 과학의 선두 분야로 자리 잡았다.

5장
카오스 악마의 활약

영국 워릭대학교University of Warwick의 수학자이자 교양과학 도서
저자인 이언 스튜어트Ian Stewart는 전에 카오스와 관련된 글에서
'카오스가 무슨 쓸모가 있는지' 라는 문제를 언급하면서,
이 질문은 '갓 태어난 신생아가 무슨 쓸모가 있는지' 라고
묻는 것과 비슷하다고 했다.
신생 이론은 실제 이용되기 전까지 성숙해지는 과정이 필요하다.
그래도 카오스 이론이 나온 후 수 십 년이 지난 지금, 과학연구와 실질적인
문제 해결 등 여러 학문에 응용되고 있다는 점에서 고무적이다.

5.1

단진자도
카오스다

거의 반세기 전의 이야기다. 이탈리아 피사의 사탑 성당에서 기도하는 사람들 가운데 청년 하나가 눈 한번 깜빡이지 않고 흔들리는 샹들리에를 쳐다보고 있었다.

청년은 크고 무거운 샹들리에가 갑자기 사람들 머리 위로 떨어져 큰 참사가 발생하지 않을까 의심하는 것 같지는 않았고, 오래된 조명등의 예술적인 무늬를 감상하는 것 같지도 않았다. 청년은 오른손가락으로 왼쪽 팔목의 맥박을 누른 채 속으로 조용히 숫자를 세고 있었다. 옆에서 보고 있던 사람은 마침내 이 청년이 샹들리에가 1분마다 몇 번씩 움직이는지 숫자를 세고 있거나, 아니면 맥박을 이용해 샹들리에가 흔들릴 때마다 걸리는 시간을 재고 있는 것이라는 것을 알게 되었다.

이 청년은 당시 스무 살도 채 되지 않았던 갈릴레오 갈릴레이^{Galileo Galilei}다. 갈릴레이는 이렇게 간단하지만 오랫동안 아무도 관심을 갖지 않았던 샹들리에의 흔들림에서 위대한 물리 법칙을 발견해냈다. 샹들리에가 흔들릴 때의 폭은 조금씩 차이가 있었지만 흔들리는 주기는 같았던 것이다!

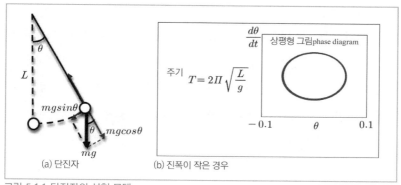

그림 5.1.1 단진자의 선형 모델

이어 갈릴레이는 또 후에 단진자라고 불린 물리계에 대해 여러 실험을 했고, 단진자가 소폭으로 흔들릴 때의 운동규칙을 구해냈다. 흔들림 주기 T 는 흔들림 길이 L 과만 관련이 있고 흔들림 추의 무게, 흔들림 폭과는 큰 관련이 없었다.

$$T = 2\pi \sqrt{L/g}$$

식 5.1.1

그 후 크리스티안 호이겐스Christiaan Huygens가 흔들림의 등시성을 이용해 시계를 발명했다. 이처럼 간단한 단진자의 원리는 지금까지도 기계식 시계 제작에 이용되고 있다. 간단하고 쉬운 단진자의 운동규칙은 중학교 물리교과서에 필수로 들어가는 내용이 되었다.

400여년 후 에드워드 로렌츠가 '나비효과'라는 단어를 사용하며 과학계에 카오스 바람을 일으키자, 물리학자들은 단진자와 유사하면서 그처럼 간단한 물리계를 다시 한 번 진지하게 고찰하게 되었다.

사실 물리학자들은 간단한 단진자 운동 규칙의 한계를 이미 알고 있었다. [그림 5.1.1]에서처럼 단진자의 등시성은 원래 흔들리는 진폭이 적을 때의 선형수학 모델을 기초로 수립되었다. 선형 모델이 물리학에서 성공을 거두었기 때문에 고전 과학자들이 선형과 비슷한 망망대해에 깊이 몰두했다. 덕분에 시계추의 작동 원리를 모두가 이해하게 되었고, 물리교사들은 교실에서 공식의 전후 맥락을 조리 있게 설명하게 되었으며, 중학교 물리를 배운 학생들은 간단한 실험으로 시계추 주기 T 를 측정하는 경험을 할 수 있었다. 그러나 대가라는 인물들은 이처럼 간단한 현상을 거들떠보지도 않았다. 일반인들은 다른 사람들이 하는 말에 따라가는 수준이었고 '실제 상황에 더 맞으면서 비선형이고, 특히 감쇠도 있고 외력의 작용도 받는 단진자는 어떻게 운동할까?'라는 질문을 진지하게 탐색하고 생각하는 사람은 드물었다.

이 간단하고 고전적인 과제는 카오스 이론이 몰고온 충격 속에서 다채롭고 참신한 면모를 마음껏 뽐냈다.

[그림 5.1.1]을 다시 살펴보자. 공식은 비슷한 가설들에서 도출한 결론이며, 이 가설의 조건은 다음과 같다.

1. 단진자는 외력의 작용이 없는 자유운동이다.
2. 단진자 운동 시 감쇠와 마찰이 없다. 즉, 일단 흔들리기 시작하면 계속 흔들린다.
3. 흔들림 각도가 작아서 각의 가속도와 흔들림 각도가 선형관계를 이룬다.

[그림 5.1.1] (a)와 같이 단진자 운동은 사이클로이드를 이용해 수직선 방향보다 이탈한 각도 θ 로 묘사한다. 물리학에서는 보통 운동 상태의

시간 변화를 위상공간 중의 궤적으로 설명하며, 단진자의 위상공간은 각도 θ 및 각 가속도 ω 로 형성되는 2차원 공간이다. 위의 소진폭 유사조건에 부합하는 단진자는 위상공간의 궤적이 위의 [그림 5.1.1] (b)와 같이 타원이다.

단진자계 연구를 통해, 단진자의 모형은 간단하지만 위의 가설 조건이 성립하지 않으면 카오스 등 굉장히 복잡한 여러 동역학 행위가 생길 수 있음을 알 수 있다.

단진자 실험에서 비선형 단진자에 카오스로 통하는 여러 길이 존재함이 관측되었다. 이를 테면 아래와 같이 여러 상황을 예로 들 수 있다. 감쇠가 있고 외력도 갖춘 단진자 운동을 관찰하면 다음과 같은 사실을 알 수 있다.

1. 외력이 작을 때는 흔들림 폭도 작기 때문에, 단진자가 등시성과 같은 선형 모델을 따른다.

2. 외력이 점차 커지면 단진자는 더 이상 단일한 진동 주파수를 유지하지 않으며, 운동 상태는 여러 주파수의 조합이 된다. 2배 주파수, 4배 주파수 …, 배수가 아닌 주파수, 규칙을 세울 수 없는 기타 주파수도 포함된다.

3. 외력이 지속적으로 확대되면 단진자는 진동 과정에서 회전하는 모습을 보이기도 한다.

4. 외력이 일정 수치까지 확대된 후, 회전할 확률이 커지면 단진자는 규칙이 없는 교환 진동과 회전 모델을 나타낸다. 진동했다가 또 회전하지만 그 진동 및 회전의 횟수, 위치, 방향은 무작위적이고 불확정적인 것처럼 보인다. 즉 카오스 악마가 등장한 것을 상징한다.

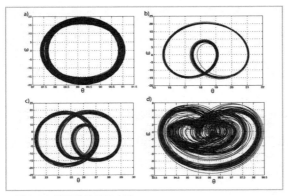

그림 5.1.2 질서에서 카오스로

위에서 설명한 단진자 운동은 질서에서 카오스로 가는 과정이며, 위상 공간의 궤적이 변화하는 상황에서도 잘 드러난다. 외력이 점차 커지면 원래의 타원 도형에 변화가 생긴다. 처음에는 단진자가 주기 운동을 지속하는 경우, 위상공간의 궤적은 중심을 따라 원을 그리는 폐쇄 곡선이 된다. 그 후 곡선은 점차 변형하고 파열되어 회전 모델에 들어간다. 이어서 파열이 점차 많아지면서 더 빈번하게 발생하고 결국 [그림 5.1.2]처럼 카오스가 발생한다.

실험을 통해 관측한 결과를 보면, 단진자의 매개변수가 변할 때 타원형은 여러 방식으로 변화한다. 변화 매개변수를 다르게 선택하기 때문에 다양한 방식이 생긴다. 즉 우리가 로지스틱계에서 카오스가 생기는 과정을 설명했을 때 언급한 '주기배가분기'라는 루트 외에, 단진자 운동에서 질서에서 카오스로 가는 여러 루트들을 관찰할 수 있다. '큰 길들이 카오스로 통하는' 이 특징은 다른 동역학계에서도 관찰되어 사실로 증명되었다. 흔히 볼 수 있는 다양한 '카오스로 통하는 길'을 간략히 소개하겠다.

1. 주기배가분기 경로[25]

[그림 2.7.2]에서 볼 수 있듯이 계는 주기를 통해 계속 배가되는 방식으로 과도기를 거쳐 카오스로 간다. 실험실에서 카오스를 연구할 때 자주 관찰되고, 카오스로 통하는 가장 기본적인 길이다.

2. 준주기 경로[26]

계의 주기운동에 변화가 생기는 경우, 나중의 주기가 항상 원래 주기의 배수가 되지는 않는다. 특히 비선형 교란에 다른 주파수의 분량이 있을 때는 몇몇 주기의 상이한 신호들이 겹쳐지기 시작한다. 이러한 신호들에 주기의 최소공배수가 없으면 겹쳐진 후의 신호가 준주기신호다. 준주기신호가 계속 생겨서 결국 카오스가 나타나는 현상을 카오스로 통하는 준주기 경로라고 한다.

3. 발작성Paroxysmal 카오스 경로[27] [28]

계의 매개변수가 변하면 원래의 규칙운동이 점차 무작위적, 돌발적 충격에 의해 중단된다. 이 무규칙적이고 돌발적인 충격은 점점 광범위하고 빈번해진다. 계가 이렇게 간극을 두고 혼란스럽게 합류하고, 점차 완전한 카오스 상태로 전환되는 과정을 '돌발 카오스 경로'라고 한다. 자연계, 사회경제, 증시의 등락에서 이러한 현상이 종종 발생한다. 난류가 형성되는 과정에서도 '돌발 카오스' 현상을 수반하곤 한다.

4. 타원 원환면 파열 경로[29]

단진자의 카오스 실험에서 관찰되는 현상이다. 소폭 조건을 만족하는 단진자의 경우 위상공간의 궤적은 [그림 5.1.1] (b)에서와 같

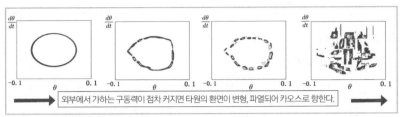

외부에서 가하는 구동력이 점차 커지면 타원의 환면이 변형, 파열되어 카오스로 향한다.

그림 5.1.3 원환면 파열 카오스 경로

이 타원형이다. 이후 회전 모델이 합류하면서 타원 곡선이 점차 변
형, 파열되고, 그 다음 파열이 점차 많아지고 빈번해지면서 위상공
간 궤적에 미세구조 등 자기유사성이 나타나는 것도 관찰할 수 있
다. 마지막에는 [그림 5.1.3]처럼 카오스로 간다.

이밖에도 카오스로 통하는 다른 경로가 많다. 특히 고차원 모델에서는
카오스 발전 모델이 훨씬 다양하다.

5.2

카오스 회로

현대 과학기술과 관련된 명사 중에서 가장 익숙한 단어는 아마 전기일 것이다. 전기가 없었다면 지금의 인류문명 사회가 어떻게 되었을지 상상이 안 간다고 해도 과언이 아니다. 증기기관과 전기는 인류사회 발전에 필수적인 2대 엔진이다. 인류 사회의 모든 진보는 인류가 전기를 알게 되면서 이루어졌다. 기원전 600년 전쯤에 그리스의 철학자 탈레스가 정전기를 발견했다. 약 2천년 후에 미국의 유명 정치가이자 과학자인 벤저민 프랭클린Benjamin Franklin이 연을 날려서 천둥 번개가 형성되는 과정을 연구한 것은 모두가 아는 이야기다. 프랭클린은 과학을 잘 아는 흔치 않은 정치가다. 프랭클린은 독립선언문의 초안을 작성하고 미국헌법에 서명을 하는 등, 미국의 독립에 워싱턴 버금 가는 기여를 했다.

현재 전기는 인류 생활의 여러 부문에 침투해 있을 정도로 해당되지 않는 분야가 거의 없고, 사용되지 않는 곳이 없다. 인류문명의 불씨인 전기는 우리 생활에 무한한 빛을 선사했다. 특히 최근에 전기라는 기폭제로 폭발적으로 발전한 전자, 통신, 컴퓨터 기술의 불꽃들이 우리의 삶을 다채롭게 만들고 있다.

전자회로는 우리의 문명사회에 생동감을 불어넣어 주었고, 과학자와 엔지니어들에게 가장 편하게 연구하고 제어할 수 있는 물리계를 제공했다. 이 책의 앞부분에서 설명한 대부분의 내용을 비롯해 학계에서 진행하는 카오스 현상에 대한 연구는 모두 일반인들이 지루해하는 비선형 미분방정식 등의 수학 모델에 바탕을 두고 있다. 전자 엔지니어들도 마찬가지다. 미분방정식이 어떻게 카오스 행위로 변화하는지를 입이 닳도록 알려줘도 사람들은 여전히 '백문이 불여일견'이라고 생각할 것이다. 카오스 악마는 어디에나 있으므로 분명히 회로에서도 카오스의 자취를 찾을 수 있을 것이다. 물론 전자회로에서도 방정식은 빼놓을 수 없다. 적어도 유명한 키르히호프의 법칙Kirchhoff's law에 근거한 방정식이 있는데, 이 방정식은 로렌츠계의 방정식과 유사한 부분이 있는 듯하다. 그렇다면 우리에게 익숙하면서 눈에 보이고 손에 잡히는 회로소자를 이용해 자유자재로 컨트롤 할 수 있는 장난감을 만들면, 거기에 카오스 악마가 생겨나게 할 수도 있고 그 안에 단단히 가둘 수도 있다. 그리고 우리는 옆에 서서 지휘봉만 휘두르면 악마가 작은 상자에서 마음껏 공연을 하도록 만들어 줄 수 있을 것이다!

전자회로를 가장 잘 다루는 일본인들이 하는 생각이 있다. 일본 와세다대학 마쓰모토 실험실의 학자들은 로렌츠계에서 표면상 나비 날개처럼 보이는 이상한 끌개는 기상과학에서 유래했지만, 전자회로로 기적을 만들어 실체는 달라도 똑같이 좋은 효과를 얻어야 한다고 생각했다. 그러나 마쓰모토는 실험결과에 실망했다. 분명히 '로렌츠' 회로를 만든 후 몇 년간 부단히 개선작업을 거치면서 회로가 더욱 복잡해졌고, 수십 개의 집적회로를 사용해 각 매개변수를 조절할 수 있게 되었기 때문에, 이론상으로는 이미 끊임없이 로렌츠 체계에 가까워지고 있는 듯했다. 그런데 이유는 알 수 없지만 카오스 악마는 모습을 드러내려 하지 않았다.

1983년 10월 캘리포니아대 버클리캠퍼스University of California, Berkeley의 중국계 미국인 차이사오탕 교수가 마쓰모토 실험실을 방문한 것을 계기로 마쓰모토의 과제는 전환점을 맞았다. 구름이 걷히고 태양이 모습을 드러내듯이 카오스 회로가 탄생했다.

차이 교수는 저서에서[30] "나는 실험실에 도착한 첫 날에 끊임없이 개선되고 매우 복잡한 회로를 그들이 시연하는 모습을 보았다……"라며 당시 상황을 생동감 넘치게 묘사한 적이 있다.

회로에서 카오스를 찾으려는 마쓰모토 실험실의 아이디어도 차이 교수의 흥미를 자극했다. 학계에서 멤리스터Mmeristor가 존재할 것이라고 큰소리를 치며 예언을 한 사람답게 수학과 물리의 기초가 탄탄하고 회로 이론을 자유자재로 다뤘던 차이 교수는 그날 밤 잠들기 전에 이미 영감과 구체적인 아이디어를 얻었고, 이튿날 아침이 되기가 무섭게 만반의 준비를 하고 마쓰모토에게 이 생각을 전했다. 마쓰모토는 곧바로 컴퓨터에 회로를 시뮬레이션 했고, 오랫동안 그리워하던 악마를 마침내 보게 되었다!

훗날 '차이의 회로Chua's circuit'라 불린 첫 번째 카오스 회로는 마쓰모토 실험실의 설계보다 훨씬 간단하다. [그림 5.2.1]을 보자.

차이의 회로는 간단한 진동회로이며[31], 운동규칙은 사실 5.1에서 언급한 단진자와 어느 정도 비슷하다. 단진자는 사람들 눈에 보이는 기계운동에 불과하지만, 차이의 회로가 만든 것은 전기진동이다. 다행히 기

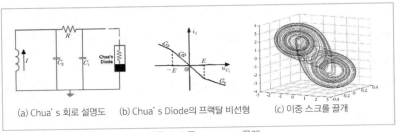

(a) Chua's 회로 설명도   (b) Chua's Diode의 프랙탈 비선형   (c) 이중 스크롤 끌개

그림 5.2.1 차이의 회로와 카오스 이중 스크롤double scroll 끌개

계진동과 전기진동은 일반인들에게 생소하지 않아서 사람들은 실제로 사용하는 과정에서 기계진동과 전기진동을 맞바꾸기도 한다. 우리가 전화를 할 때 수없이 많은 전파와 음파의 상호변환 과정이 포함되듯이 말이다.

이렇듯 진동회로는 단진자와 마찬가지로 일정한 조건에서 카오스 현상을 만들어내기도 한다는 사실을 쉽게 이해할 수 있다.

그날 저녁, 차이 교수는 오랫동안 로렌츠 끌개 그림의 나비 날개 같은 기이한 현상을 주시하면서 모호하게 계속 빙빙 돌고 있는 궤도를 바라보았다. 궤도는 고리에서 출발해 때때로 날려고 하는 듯이 퍼지기도 했지만, 나중에는 비선형 효과로 인해 다른 고리에 구부러져서 접혀버렸다. 고리마다 한 개의 중심점이 있다. 그러면 중심점이 두 개면 계의 평형점이 두 개라는 뜻이다.

여기까지 생각하다가 차이 교수는 진동회로에 평형점이 한 개만 있다면 카오스를 쉽게 관찰할 수 있을 거라는 생각이 문득 떠올랐다. 비선형 소자를 이용해 회로에 두 개의 불안정한 평형점을 부여하면, 서로 촉진하고 제어하면서 전류가 펼쳐지고 접히는 효과를 낼 것이다. 그러면 로렌츠계와 더 유사하고, 카오스 행위가 나타날 가능성 더 커진다. 생각은 더욱 분명해졌다. 다시 가장 간단한 진동회로부터 생각하기 시작했다. 차이 교수는 카오스를 만들려면 진동회로가 최소한 아래 조건을 충족해야 한다고 생각했다.

1. 비선형 소자가 한 개 이상
2. 선형이 유효한 전기저항이 한 개 이상
3. 에너지 저장 소자가 세 개 이상

이제 조건은 다 정했으니 가장 간단한 카오스 회로를 하나 만들어보자. 차이 교수는 오래된 편지봉투와 냅킨 몇 장에 이리저리 그림을 그려가며 계산을 하면서 위의 기준에 맞는 가장 간단한 회로를 그려냈다. 그 것이 바로 [그림 5.2.1] (a)처럼 후에 널리 알려진 세계 최초의 카오스 회로인 '차이의 회로'다. 회로가 카오스를 만들므로 마쓰모토 실험실의 연구원처럼 쓸데없이 수십 개의 집적회로를 그릴 필요가 없어 보인다. 하지만 이 간단한 회로에서 로렌츠의 '나비날개' 끌개를 관찰하는 것은 여전히 쉽지 않다. 관건은 공교롭게도 회로에서 유일한 비선형 소자의 비선형 특징을 선택하는 것이다. 이 소자가 어떠한 비선형을 가져야만 진동회로가 두 개의 평형점을 만들어낼 수 있을까?

우리는 종종 선형과 비선형을 언급한다. 간단히 말해 입출력 관계에 빗대어 볼 수 있다. 회로에서의 소자란 소자에 흐르는 전류와 양끝 전압 간의 관계를 뜻한다. 이 관계를 직선 하나로 표시할 수 있다면 선형 소자이고, 그렇지 않으면 비선형 소자이다.

선형관계를 직선 하나로 표시할 수 있는 만큼, 비선형의 특징은 상대적으로 직선과 거리가 있다. 즉, 양 끝단의 직선을 연결하면 가장 간단한 비선형 특징을 나타낼 수 있다. 차이의 회로에서는 [그림 5.2.1] (b)에서처럼 3단 직선을 연결하면 '차이 다이오드'라고 하는 비선형 소자가 나타난다. 왜 3단 직선을 사용해야 할까? 이렇게 얻은 진동회로는 세 개의 평형점을 갖게 되고, 선형 전기저항 R 의 수치인 회로의 매개변수를 조절하면 평형점 세 개 중 두 개를 불안정한 평형점으로 바꿀 수 있으며, 이렇게 해서 결국 카오스 현상을 관찰할 수 있다.

진동회로가 만든 카오스는 제어하고 최적화하기가 쉬워서 응용하기가 편리하다. 차이의 회로에서 전기저항 R 의 수치를 계속 바꾸면 여러 흥미로운 주기 상평형 그림phase diagram과 끌개를 얻을 수 있고 주기배가 분기, 싱글 스크롤, 이중 스크롤, 주기 3, 주기 5 등 매우 다양한 카오스 현상을 관찰할 수 있다. 또한 이후에 형형색색으로 화려하게 변신하여 개선된 차이의 회로가 나오면서 카오스 연구와 응용은 새로운 경지를 개척했다.

5.3
주식시장의 바다에서
카오스 찾기

오늘 친구 몇이서 함께 점심을 먹으며 또 프랙탈과 카오스에 대해 이야기를 나누는 자리에서 정우가 말했다.

"예전에는 프랙탈의 아버지 브누아 만델브로가 물리학자인줄 알고 있었거든. 며칠 전에 안 사실인데 만델브로가 처음에 물리학에서 프랙탈을 발견한 것이 아니라 주식시장의 데이터를 연구하다가 영감이 떠올라서 프랙탈 기하학을 만들었대."

주식시장 얘기에 민수가 얼굴을 찌푸리고 한숨을 쉬며 말했다.

"주식시장처럼 뭐가 뭔지도 모르겠고 룰이 없는 것도 없을 거야. 작년에 친구 한 명이 주식을 사서 두 배를 버는 바람에 나도 속이 근질근질 하더라고. 그래서 주식을 좀 샀는데 1년이 지난 지금도 떨어지기만하고 있어. 푼돈 조금 있는 걸 다 박아놨는데 어떻게 해야 할지 모르겠어! 카오스 이론으로 주식시장의 미래를 예측할 수 있다면 얼마나 좋을까……"

승우가 웃으며 대답했다.

"그러면 카오스 이론이 형을 구해줄 거라고 기대를 하지 말아야지. 로렌츠의 기상학계가 카오스계라서 예측할 수 없는 결론만 내놓는 거 아니겠어? 내가 보기에는 주식시장이 카오스보다 더 카오스 상태야. 예측이 불가능하다고!"

눈을 깜빡거리던 인찬이가 머릿속에 갑자기 아이디어가 떠오른 듯 말했다.

"꼭 그런 것만은 아니죠. 카오스 이론은 이름이 '카오스'이긴 하지만 완전히 무작위하거나 무질서한 건 아니에요. 그래서 결정적이고 컨트롤이 가능한 카오스라고 하잖아요"

승우도 바로 호응하며 인찬이에게 말했다.

"맞는 말이야. 그래서 경제학자들에 주식전문가들까지 주식시장으로 몰려들어 경제와 금융 분야에서 카오스의 목적을 찾으려는 거겠지……"

승우는 다시 민수를 보고 웃으며 우스갯소리를 했다.

"형의 그 쥐꼬리만 한 푼돈은 아무래도 가망이 없을 것 같은데? 카오스 이론으로 주식시장을 예측할 수 있는 날이 올 때쯤이면, 그 푼돈은 다 사라지고 없을걸. 저번에 우리 형도 주식을 사고 싶어 했는데 내가 못 사게 말려서 지금 얼마나 나한테 고마워한다고…… 나는 그런 장난은 안 해. 사람이 자기 자신에 대해 정확히 알아야지. 돈에 눈이 멀어서 주식투자에 빠지면 안 되는 거거든……"

승우는 자아도취에 빠져 제스처까지 섞어가며 이야기를 늘어놓았다. 풀이 죽은 민수는 승우에게 슬슬 화가 나서 눈을 부릅뜨고 화를 내려던 참이었다. 승우 옆에 앉아 있던 인영이가 눈치를 채고는 재빨리 끼어들어 화제를 돌렸다.

"딴 얘기 그만 하고, 정우 선배의 연구 소감 좀 듣자. 만델브로는 어떻게 주식시장 연구에서 프랙탈을 발견한 거야?"

정우는 만델브로가 2010년에 세상을 떠나기 3개월 전 TED와의 인터뷰에서 그 역사를 회상했다고 말했다.[32]

프랙탈은 비주류 과목으로 물리학에 속하지도 않고 수학의 주류도 아니다. 그래서 사람들은 만델브로에게 종종 "이런 것들을 어떻게 시작했죠? 무엇 때문에 이 특이한 업계에 몸담고 있어요?"라고 묻곤 했다. 만델브로는 TED 강연에서 재치 있게 설명했다.

"솔직히 정말 특이하죠. 저도 사실 주가를 연구하다가 시작하게 되었는데요, 금융가격 증가량 곡선이 표준 이론에 맞지 않다는 것을 발견했죠."

[그림 5.3.1]에서 파란색 곡선은 스탠다드 앤 푸어스Standard and Poor's, S&P의 1985 ~ 2005년까지 20년간의 상승곡선이다. 가로좌표는 연도, 세로좌표는 연평균 가격 증가량이다. 매일 모든 주식의 일일가격 증가량 데이터를 있는 그대로 처리해서 필요로 하는 평균값을 구하고자 한다면, 1년 365일 모든 주식에서 일일가격 증가량이 그리 안정적이지 않으며, 개별 주식의 경우에는 정점이 존재한다는 사실을 발견할 것이다. 이 정점은 많지 않고 10개 정도다. 그래서 편하게 이 10개의 데이터를 빼버린다. 그 숫자들이 초래하는 비연속성은 해만 끼치고 별로 중요하지도 않아서 방해만 되기 때문이다.

그 다음에는 이렇게 처리한 연간 데이터에서 비연속성이 가장 큰 주식가치 10개를 제거한다. 제거한 숫자는 발생확률이 적은 부분이어서 전체에는 지장이 없다고 생각할 수 있다. 그러나 사실은 그렇지 않다.

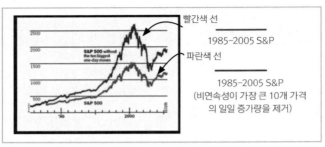

그림 5.3.1 S&P의 20년간 증가 곡선

[그림 5.3.1]을 보면 빨간 곡선이 주식가치 10개를 제거한 후에 얻은 S&P의 곡선인데, 파란색 곡선과 차이가 매우 크다는 것을 알 수 있다. 그래서 만델브로는 이 비연속적인 최고치들을 소홀히 다루어서는 안 된다고 생각했다. 이것이 문제의 핵심이고, 이 사실을 이해해야 주가를 제대로 파악할 수 있을 것이다. 그러고 보니 이 비연속 데이터에 프랙탈 천사와 카오스 악마의 그림자가 숨어 있는 것 같았다!

그래서 1963년에 면화 가격을 연구할 때[33] 만델브로는 프랙탈의 관점에서 주식시장을 설명하기 시작했다. 물론 반대로 이 연구는 만델브로가 프랙탈 기하학을 정립하는데 많은 도움을 주었다. 전통 금융학의 관점에 따르면 주식시장은 효율적 시장 이론efficient market theory과 랜덤워크random walk 규칙을 따른다. 이 두 요인으로 인해 수익률의 확률은 종bell 모양의 정규분포와 유사한 형태를 띤다. 그러나 만델브로는 연구를 통해 수익률 곡선이 정규분포에 부합하지 않고 '안정적인 파레토 분포'에 더욱 근접하다는 것을 발견했다. 안정적인 파레토 분포는 비연속적인 프랙탈 분포인데, 안정적이라는 것은 시간변화 곡선이 프랙탈 척도 불변성scale

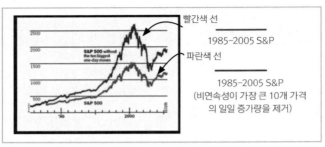

그림 5.3.2 이탈리아 경제학자 겸 사회학자 빌프레도 파레토Vilfredo Pareto, 1848-1923

invariance과 비슷한 자기유사성을 갖는다는 의미이기 때문이다.

파레토 분포는 이탈리아의 경제학자이자 사회학자인 빌프레도 파레토에서 이름을 따왔으며, 개인의 자산분배 현황을 설명하는데 사용한다. 처음에 파레토는 이탈리아의 자산분배 현황을 살펴보다가 20%의 사람이 사회자산의 80%를 소유하고, 80%의 사람이 나머지 20%의 사회자산을 소유하는 것을 발견했다. 이를테면 전체 자산가치 100만 위안을 100명에게 분배하면, 최종 결과는 상위 1명에게 50만 위안, 상위 4명에 총 64만 위안, 상위 20명에 총 80만 위안이 돌아가고, 나머지 80명에게 돌아가는 몫은 총 20만 위안이다.

훗날 조지프 주란Joseph M. Juran과 다른 사람들이 파레토 법칙(80:20 법칙)이라고 정리한 이 현상을 파레토는 도무지 이해할 수 없었다. 개인과 단체의 행위가 어떻게 이 80 : 20 법칙을 초래할까? 왜 일한만큼 가져갈 수 없을까? 왜 사회분배의 결과가 50 : 50이 아니라 80 : 20일까? 그 후 만델브로는 안정적인 파레토 분포를 이용해 주식시장의 팻테일Fat Tail 현상을 설명했다. 그리고 이 80 : 20 법칙이 프랙탈이나 카오스 개념과 같은 맥락이며, 그 이면에 동역학계 비선형 특징에서 기인했다는 심오한 수학적 원리가 숨어 있음을 발견했다. 유감스럽게도 파레토는 물리학자들이 연구한 카오스 이론이란 것을 모른 채 세상을 떠났다.

카오스 이론은 80 : 20 법칙을 이해하는데 도움이 된다. 카오스 이론의 관점에서 보면 50 : 50 분배는 안정적인 상태이지만, 나비효과와 마찬가지로 미세한 편차가 급속히 확대될 수도 있다. 이 평형상태를 살짝만 벗어나도 한 쪽으로 치우치게 될 것이다. 부자는 점점 돈이 많아지는데, 능력이 있어서가 아니라 자산이 자산을 불리기 때문이다. 비슷한 논리로, 출생 조건이 동일하고 처음에 몸집이 거의 비슷했던 쌍둥이가 유전자의 차이로 출생 시 둘의 체력에 미세하게 다른 우세와 열세가 생겼다면, 성장하는 과정에서 이러한 차이가 나날이 커져갈 것이고 성인이 된 후에 키와 체형이 완전히 다를 수도 있다.

이 예를 통해 설명하고자 하는 것은 기존에 평형, 안정 상태라고 여긴 것들이 안정적이지 않을 수 있고, 미세한 편차로 인해 계가 의외의 방식에 따라 진화하게 된다는 점이다. 또한 이 상태 안정성을 파괴하는 근원은 계의 비선형에 근거한다.

기존의 경제학과 금융학은 선형모델, 더 나아가 랜덤워크, 브라운 운동 등 무작위 행위를 이용했다. 전통 금융학의 관점에 따르면 주식시장에는 카지노와 유사한 규칙이 잘 맞고, 기본적으로 참여자가 이익을 위해 경쟁하는 무작위 행위로 결정을 한다. 따라서 그 확률은 기대치가 제로인 정규분포와 비슷하다는 결론이 도출된다. 때문에 거래자 자신이 영리하다고 생각하는 것과 별개로, 장기적으로 보면 시장의 평균 수익률만을 벌 수 있고, 또는 거래비용 때문에 적자를 보게 된다. 이론만 봐도

안정적으로 이익을 얻을 기회가 존재할 수 없는 것이다. 그러나 이 결론은 다년간 주식시장의 실제 데이터와 부합하지 않는다.

다시 말해서 정규분포에서 설명하는 것은 균형상태이며, 이 상태는 극단적인 사건의 경우에서 도출되는 근사치를 과소평가한다. 극단적인 사건이 매우 드물다고 생각하기 때문이다.

한 금융계 학자가 수익률을 정규분포로 설명했고, 이는 1959년에 처음으로 통계를 통해 검증되었다. 해군 실험실의 물리학자 오스본Osborne[49]이 그 장본인이다. 1963년에 만델브로도 면화 가격을 관찰하면서 팻테일 현상을 발견했다. 시장가격은 시간에 따른 변동 도표에서 돌발적인 급등과 급락을 보이며 격렬하게 변화한다. 결코 과소평가해서는 안 되는 변화다. 이러한 변화로 전체 분포곡선이 종 모양의 정규 곡선과 달라질 수도 있고, 정규분포에 상대되는 '정점'과 '팻테일' 때문에 분포 현황이 80 : 20의 파레토 분포 원칙에 들어맞을 수 있기 때문이다. 금융경제학자 유진 파마Eugene F. Fama[34]는 1970년에 만델브로의 발견을 일반화하였고 수익률 곡선의 꼬리는 정규분포 예측보다 더 넓고, 피크 부분은 정규분포 예측보다 더욱 높아 '팻테일'을 나타내는 것을 관찰했다. 그 후에 다우존스, S&P, 국고채권 등 가격변화 연구에서도 동일한 현상이 발견됐다. 이러한 연구는 미국 증시 및 기타 시장의 수익률이 정규분포에 해당하지 않음을 설명하는 충분한 증거를 제공했다.

이 이후로 금융 이론에서는 증시의 수익률이 정규분포를 따르는지 아니면 비정규분포를 따르는지의 문제가 풀리지 않는 수수께끼가 되었다. 정규분포를 신뢰하는 학자들은 주식을 사면 그냥 묵혀두라는 소극적 투자를 주장한다. 인덱스펀드처럼 큰 돈 벌기를 기대하지는 않지만 손실도 그다지 크지 않아서 시장 평균 수익률은 거둘 수 있다는 얘기다. 그런데 정규분포 이론이 금융위기의 가능성을 과소평가한 것이 문제다. 위기 상황에서의 금융 리스크를 저평가한 것이다. 미국은 2008년 금융위기 때 고수하던 연금기금회의 자금을 대폭 축소했다. 반대로 비정규분포를 신뢰하는 경제학자는 시장의 금융리스크를 과대평가하고 금융기관의 자본 완충은 저평가한다. 실제 시장의 상황은 전혀 다르다. 미국 역사상으로도 대공황과 2008년 금융위기와 같은 일은 흔하지 않다. 장님이 코끼리를 만지는 것과 비슷하다. 정규분포파는 코끼리가 기둥처럼 안정적이라고 주장하고 비정규분포파는 코끼리가 부채처럼 끊임없이 흔들린다고 주장한다. 실제로는 어떤가? 코끼리는 가만히 서있을 때도 있고 안절부절 못할 때도 있다. 증시도 마찬가지다.

비선형 동역학의 관점에서 보면 금융 세계는 진화 중인 유기체와 같다. 그저 개별 파트의 총합이 아니라 전체적이고 비선형인 것으로, 불균형 상태에 있으며 균형은 조금만 늦어도 사라져버리는 환상과 같다.
1982년과 1983년에 미국의 경제학자 R. Day는 두 편의 논문을 통해 이론상으론 카오스 모델을 경제학 이론에 도입했지만, 경험적인 증거가 뒷받침 되지 않았었다.[35][36] 그 후 1987년에 '블랙 먼데이'를 계기로 카오스 경제학이라는 거대한 연구 붐이 일면서, 카오스 경제학이 주류 경제학의 세계에 진입하기 시작했다. 1985년부터 Barnett[37], P. Chen[38], Sayers[39] 등도 다양한 시장의 경제 데이터에서 카오스 끌개를 찾아냈다. 그러나 경제 카오스에 담긴 정책적 의미에 대해서는 경제학자들마다 견해 차이가 크다.

"나 질문이 있어……"

이야기에 열을 올리기 시작한 정우의 말을 끊으며 민수가 입을 열었다. "우리가 처음에 들었던 카오스 끌개를 가진 계는 모두 미분방정식으로 설명할 수 있는 계였어. 그리고 이 미분방정식은 일정한 조건이 있어야 카오스 해를 얻었고, 이때 위상공간의 궤도는 이상한 끌개의 모습을 보였잖아. 그런데 주식시장에 미분방적식이 있어?"

"좋은 질문이야! 나도 거의 비슷한 생각을 했어. 경제와 금융의 수학 모델은 어떤 것일까?" 마치 아까 비웃은 것을 사과라도 하려는 듯이 승우가 재빨리 민수를 감쌌다.

인찬이도 말했다. "저는 경제와 금융에도 분명히 수학 모델이 있을 거라고 생각해요. 종 모양의 정규분포를 도출했던 기존의 전통 이론이 바로 선형 수학 모델을 사용한 거잖아요. 그럼 만약 비선형 모델로 선형 모델을 대체하면, 일정한 상황에서 카오스가 만들어지고 이상한 끌개가 그려지지 않을까요?

정우는 그렇게 간단하지 않다고 생각했다. 금융시장은 매우 복잡하고 영향을 미치는 요소들이 너무 많아서, 간단한 수학모델 하나로 쉽게 설명할 수 없을 것 같았다. 물론 인찬이의 말도 일리는 있다. 경제학자 R. Day는 1983년에 생태 증식이 따르는 로지스틱 방정식을 적용하여 경제 모델을 수립했다.

R. Day의 로지스틱 방정식 수학 모델은 금융시장에 적용하기에는 너무 간략화 되어 있어서 현실에는 존재하지 않는다. 사람들은 수년에 걸쳐 누적된 금융·주식시장의 데이터를 활용하고 분석함으로써 실증하는 방식으로 바다에서 바늘을 건지듯 카오스 악마를 끄집어내려는 시

도에 더 열을 올렸다.

후에 P. Chen [그림 5.3.3]이 통화지수에서 처음으로 경제 카오스를 발견했고 경제 카오스를 설명하는 방정식을 찾아내 경제 카오스가 교통의 흐름traffic flow이나 뉴런의 카오스와 공통점이 있다는 사실을 발견했다. 생물 카오스와 경제 카오스의 본질은 모두 무리 입자의 집합운동으로, 주식시장에서 사람을 입자로 간주하는 브라운운동 이론과는 본질적으로 차이가 있다.

정우는 금융시장 카오스 이론 연구 분야의 또 다른 권위자인 애드가 피터스Edgar E. Peters[10]의 얘기를 꺼냈다.

애드가 피터스는 자산 관리 규모가 150억 달러에 달하는 미국의 유명 투자기관의 매니저다. 피터스는 풍부한 투자 실전 경험과 탄탄한 경제학 이론기초를 가지고 있었다. 그는 카오스 이론을 바탕으로 금융시장 데이터를 심도 있게 연구했고 《자본시장의 카오스와 질서》, 《프랙탈시장 분석》, 《복잡성, 리스크와 금융시장》 등 대작을 잇달아 출간했다.

금융 카오스에 대한 이 세 편의 책은 금융 분야에서 카오스 이론이 어떻게 응용되는지를 살피고 금융세계의 비선형 동역학 본질을 드러내, 자본시장을 재인식하는 새로운 맥락을 개척했다.

정우는 승우와 인찬이의 말도 꽤 일리가 있다고 했다. 금융·주식시장의 막대한 데이터를 보면, 진짜 카오스보다 더 혼돈스럽기 때문이다. 우리가 카오스 이론이라고 일컫는 이론에서 사실 카오스에는 일정한 규칙이 있다. 또한 무질서한 현상의 이면에는 확정적인 논리와 짐작이 가

그림 5.3.3 경제학자 천핑과 지도교수 프리고진

능한 비선형 관계가 숨어 있다. 카오스 경제학자들은 더욱 복잡한 경제 데이터에서 이 '확정적인 카오스'를 찾아내려고 한다. 그렇게 되면 짐작 가능한 비선형 관계도 찾아낼 수 있는 가능성이 생긴다. 그러면 어느 정도는 증시를 예측하고 조절할 수 있지 않을까?

금융과 경제학에서 카오스는 계 자체에 내재된 무작위성에서 기인한다. 따라서 외재적인 개입의 효과는 제한적으로 나타난다. 연구자는 또 거시경제의 카오스 운동이 로렌츠계 및 로지스틱계의 카오스와 조금 다르다는 것을 발견했다. 카오스 중 주기가 비슷한 한 개(또는 여러 개)의 파동을 포개면 파동 주기는 평균 4 ~ 5년인데, 이로써 금융경제계의 시간순서에 강력한 상관성이 부여되고, 주파수 스펙트럼은 모든 주파수를 동일시하는 수평선을 벗어나 이 주기에 상응하는 더 많은 주파수를 포함하게 된다. 다시 말해 로렌츠계 및 로지스틱계의 카오스는 균일한 주파수 스펙트럼을 가진 화이트 카오스로 볼 수 있고, 금융과 경제학의 카오스는 컬러 카오스로 나타난다.[40]

경제 카오스(컬러 카오스)의 존재가 실제로 증명되었다고 해서 경제 예측 능력이 대폭 개선되는 것은 아니지만, 시장의 조절 능력은 대대적으로 개선할 수 있다. 주식시장에 대한 연구를 보면, 주가의 등락폭이 크든 작든 모든 주식시장과 거시경제 지수 변동 주파수는 상당히 안정되어 있어서, 미국의 경우엔 1백여 년간의 경제주기가 2 ~ 10년이다. 대공황과 2008년의 금융위기는 모두 위기 전에 10년 정도의 확장기가 있었다는 공통점이 있다. 여기에서 오스트리아 출신 경제학자 슘페터Joseph Alois Schumpeter의 경제주기이론이 떠오른다. 슘페터는 경제주기를 확률과정이 아니라 생물종의 신진대사와 같다고 생각했다. 경제가 견실하려면 변동주기를 정상으로 유지해야 하고, 인터넷 버블이나 부동산 버블에 다시 직면하면 정부는 결심을 하고 버블을 꺼뜨려서 구조조정을 해야 한다. 미친 듯했던 주식시장이 갑자기 붕괴되고 나서야 시장 부양책을 쓰면 안 된다. 그러면 사회가 너무 큰 대가를 치러야 한다. 바꿔 말하면, 브라운 운동을 주장하는 경제학자들은 모두 자유시장의 신봉자다. 정규분포에서든 비정규분포에서든 투자자와 감독관리자는 자유방임적인 태도를 취할 수밖에 없지만 경제의 컬러 카오스 이론에 따르면 시장을 적절한 조절할 수 있는 가능성도 있다.

5.4
CDMA 통신 분야의
카오스 응용

"가지각색의 복잡한 현상을 설명하고 해석하는 것 외에도, 카오스 이론은 공학기술 응용 분야에서도 두각을 나타내고 있어. 예를 들면 현대 통신 분야에서 카오스 통신은 점차 새로운 분과로 자리 잡고 있는데 주로 카오스 대역확산, 카오스 동기화, 카오스 암호, 카오스 키잉Keying, 카오스 매개변수 제어 등에 응용되고 있어. 그럼 카오스가 CDMA 대역확산통신기술에 응용된 사례를 살펴보자."

오늘 모임의 강연자는 민수다. 민수가 칠판 앞에 서서 이야기를 시작하려는데 재잘재잘 지방 방송이 들렸다. 정우가 모두를 대표해서 입을 열었다.

"민수야, 네가 전문용어들을 막 꺼내놓으니 다들 너무 생소하잖아. 우선 CDMA 대역확산통신이 무슨 의미인지 설명해줘······"

민수가 웃으며 대답했다.

"그렇지 않아도 설명하려는 참이었어. 그러면 통신 과정에 대해 이야기해보자······"

통신의 목적은 정보를 전송하는 것이고 정보를 전송하려면 매개가 필요하다. 옛날에는 북소리, 봉화, 기러기, 비둘기 등이 통신의 매개체였다. 이후에 기차, 비행기로 우편물을 수송하면서 기차, 비행기가 매개체가 되었다. 그 이후에 나온 전화는 전기 신호electric sigma를 매개체로 썼다. 현재 우리가 사용하는 휴대전화는 어떤 매개체를 사용할까? 무선 전파, 그것도 특정 주파수의 무선 전파를 사용한다는 것은 모두가 아는 사실이다. 무선 전파는 기차와 비슷하다. 전달해야 하는 정보를 기차에 싣고, 정보를 가득 실은 기차는 목적지에 도착하면 정보를 내려서 복원한다.

여러 주파수의 무선 전파는 여러 종류의 기차와 같다. 하지만 무선 전파는 휴대전화 같은 이동통신뿐 아니라 라디오, TV, 각종 군사용도 등 굉장히 많은 통신 분야에 사용된다. 때문에 주파수라는 기차의 열차 수는 한정되어 있는데 이동통신에 분배한 열차 주파수의 수량은 턱없이 부족하다. 그런 와중에 휴대전화 사용자는 갈수록 늘어나고, 중학생들도 1인당 하나씩 가지고 싶어 할 정도로 휴대전화는 편리하고 중요하다. 어떻게 해야 할까? 엔지니어들은 머리를 쥐어짜서 기존의 주파수 기차를 복잡한 기술로 재포장했고, 많고 많은 다양한 전용열차로 변신시켰다. 이것이 바로 현대 통신에서 사용하는 멀티홈드multihomed 방식이다.

어떻게 다양한 기차를 더 많이 개조할 수 있었을까? 우선 개조 방법에 어떤 유형이 있는지 살펴보자. 이렇게 말할 수도 있겠다. 무선 전파에 일정한 주파수 범위 폭을 설정하고, 그것을 여러(예: 100명) 사용자의 주소에 분배하려면 어떤 방안이 있을까? 첫 번째는 기존에 자주 사용하던 방안이다. 100명의 이용자에게 1조를 똑같이 분배하면, 이용

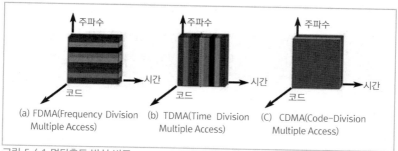

(a) FDMA(Frequency Division Multiple Access)　(b) TDMA(Time Division Multiple Access)　(C) CDMA(Code-Division Multiple Access)

그림 5.4.1 멀티홈드 방식 비교

자 한 명당 1 / 100조의 광대역이 분배된다. 이용자가 많아지면 한 명당 분배되는 광대역이 작아질 것이기 때문에 훌륭한 방안은 아니다. 광대역이 부족하면 통화 품질에 지장을 주거나 아예 통화가 불가능해지기 때문이다.

하지만 걱정할 것 없다. 엔지니어들에겐 방법이 두 가지 더 있다. 시간에 따라 분배하거나 코드에 따라 분배하는 방법이다. [그림 5.4.1]을 이용해 세 가지의 멀티홈드 방식을 설명해보자.

일정한 주파수 범위, 일정한 시간대, 다른 코드를 사용하는 방식을 [그림 5.4.1]처럼 3차원의 종이상자로 대입해볼 수 있다. 멀티홈드 방식을 선택하는 것은 이 상자 안에서 이용자에게 분배하는 방법을 선택하는 것이다. 그림에서 각기 다른 색으로 여러 이용자를 표시했다.

(a) 주파수로 분할 : FDMA

(b) 시간으로 분할 : TDMA

(c) 코드로 분할 : CDMA

FDMA 방식(a)은 사용 가능한 전체 주파수 구간을 서로 겹치지 않는 몇 개의 채널로 나눠 이용자에게 분배한다. TDMA 방식은 시간을 작은 시간들로 쪼개서 그것을 신호의 통로(b)로 삼는다. 즉 FDMA 시스템에선 각각의 이용자가 전체 시간을 점유하지만 매우 좁은 주파수 대역폭만 갖는다. CDMA 방식(c)은 시간이나 주파수를 분할하는 방식으로 이용자를 구분하지 않고, 모든 이용자가 모든 주파수 대역폭과 전체 시간을 점유한다. 그런데 코드 서열이 각기 달라서, 코드로 이용자를 구분한다.

CDMA 시스템에선 모든 이용자가 충분한 주파수 범위와 시간 범위를 갖기 때문에 높은 주파수 스펙트럼 이용률, 대용량, 강력한 간섭대응 능력, 우수한 보안성 등 많은 강점을 가진다. 그래서 3G 통신은 CDMA를 우선적으로 택했다. CDMA를 구체화하려면 정보 코드를 부여하는 동시에 정보의 주파수를 확대해야 하는데, 이것이 바로 '대역확산통신'이다.

이해력이 뛰어난 승우가 민수의 얘기하는 도중에 끼어들었다.
"맞아. 이미 알다시피 카오스 신호는 주기가 갈라지고 또 갈라지면서 주파수가 배가되고 또 배가되어서 얻게 되잖아. 그래서 카오스 신호는 많은 주파수를 가지고 있어. 즉 넓은 주파수 스펙트럼을 가지고 있지. CDMA 통신에서는 또 대역확산 기술이 필요한데, 그렇게 보면 카오스 이론은 CDMA 통신에 정말 유용해."
그런데 민수가 웃으며 말했다. "성격 급하기는. 내가 먼저 대역확산통신에 관한 재미있는 역사를 알려줄게."

그림 5.4.2. 대역확산통신의 어머니 – 여배우 헤디 라마르Hedy Lamarr
(사진 출처: Wikipedia)

"대역확산 기술을 기초로 한 3G 통신은 최근에 와서야 빠르게 발전했지만, 대역확산 기술은 이미 수십 년이나 되었어. 흥미로운 것은 최초의 발명 특허가 1940년대 유명 여배우의 소유라는 거야……"
졸고 있는 듯 했던 몇몇 여학생이 이 말에 정신을 번쩍 차리더니 흥분하기 시작했다.
"와. 여자 영화배우? 특허도 가졌다고?"
"맞아." 민수는 '대역확산의 어머니'라고 불리며 1913년 비엔나의 유태인 은행가 집안에서 태어난 여배우 헤디 라마르라 그 주인공이라고 소개했다.

헤디 라마르는 연기력과 미모를 겸비한 할리우드 스타로, 영화사상 최초의 노출 영화인 '엑스터시Ecstasy'에 출연했고 여섯 번의 결혼 경험이 있다. 스캔들과 미모로 한때 엄청난 명성을 누렸는데, 비비안 리도 헤디 라마르를 닮았다는 점에 자부심을 가질 정도였다.
1930년대에 실패로 끝난 결혼이 헤디 라마르의 운명을 바꾸어 놓았다.

헤디는 실패한 결혼에서 도피하고, 많은 나치 '친구들'이 벌이는 정치군사 투쟁의 소용돌이에서 벗어나기 위해 런던으로 도망쳤고, 통신기술을 적극적으로 배우고 연구하기 시작해서 동맹국이 나치를 이기는데 도움을 주었다. 헤디는 할리우드에서 활동할 당시에 음악가인 조지 앤타일George Antheil을 만났는데, 조지도 런던으로 건너가 독일과의 전쟁에 힘을 보태기로 결심한다. 그래서 둘은 함께 적의 전파 방해를 막거나 도청을 방지할 수 있는 비밀 군사통신 시스템 연구에 매달렸고, 자동 피아노에서 영감을 받아 대역확산통신 모델을 제작해서 1942년 8월에 미국 특허를 받는데 성공했다.

대역확산통신 기술과 자동 피아노는 무슨 관계가 있을까?

[그림 5.4.3]을 예로 들어 설명해보자. [그림 5.4.3] (a)의 자동 피아노에서 각각의 피아노는 한 개의 주파수, 또는 좁은 주파수대를 대표한다. 피아노가 자동으로 노래를 연주하면 '$C - F - G - G - A - F - D$'와 같이 멜로디에 따라 건반에서 음표가 도약한다. 건반은 한 번에 하나만 누르지만, 연주하는 동안 음파를 합성한 주파수는 A 부터 F 까지 움직이며 바뀐다. 즉 주파수의 범위가 하나의 음이 아니라 A 와 F 사이로 확대된다. 이 원리를 통신에 응용하면 [그림 5.4.3] (b)처럼 반송파 주파수 F 를 고정되지 않게 만들어 일정한 규칙에 따라 도약하게 할 수 있다. 이것이 바로 헤디와 조지가 특허를 낸 주파수 변조 대역확산 기술이다. 반송파 주파수 F 의 도약 규칙은 자동 피아노가 연주하는 악보에 대응하며, 통신에 이용하는 코드이기도 하다.

주파수 변조 대역확산은 시간 평균의 대역확산 과정이다. 통신 기술에서 대역확산 방법은 주파수 변조 대역확산 외에 [그림 5.4.3] (b)처럼 직

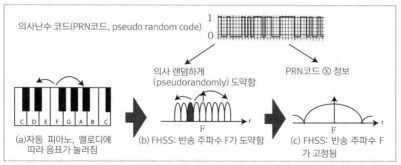

의사난수 코드(PRN코드, pseudo random code)

의사 랜덤하게
(pseudorandomly) 도약함

PRN코드 ⊗ 정보

(a)자동 피아노, 멜로디에
따라 음표가 눌러짐

(b) FHSS: 반송 주파수 F가 도약함

(c) FHSS: 반송 주파수 F
가 고정됨

그림 5.4.3 자동 피아노의 대역확산 기술

접 수열 대역확산법이 있다. 즉 코드와 신호를 곱한 후 다시 조절하는 것이다.

헤디 라마르와 조지 앤타일은 당시 한창 진행 중이던 2차 세계대전에 도움이 되기를 바라는 마음으로 이 특허를 미국 정부에 보냈다. 하지만 유감스럽게도 발명가의 생각이 기술조건의 발전보다 너무 앞서갔던 탓인지, 미국 군대는 이 기술을 채택하지 않았다. 조지 앤타일은 세상을 떠난 1959년까지도 자신들의 발명이 응용되는 것을 보지 못했다.

헤디 라마르와 조지 앤타일의 특허가 만료되고 3년 후인 1962년에 처음으로 미국 군대는 쿠바의 미사일 위기를 해결하기 위해 이 기술을 비밀리에 사용했다. 후에 대역확산통신은 여러 사람들의 연구대상이 되면서, 군용통신 분야에 수차례 사용되었다. 특히 1920년대에 무선이동통신 사업 분야에서 대역확산통신 기술이 빠르게 발전하면서 재능을 발휘하는 사람이 나오고 백만장자들이 생겼다. 그럼에도 불구하고 이 특허의 최초 보유자는 이 특허로 1원 한 푼도 벌지 못했다.

5장. 카오스 악마의 활약 _ 223

1997년에 기술의 특허와 자유를 보호하는 것을 취지로 설립된 전자프런티어 재단Electronic Frontier Foundation이 85세의 노인이 된 헤디 라마르에게 상을 수여하여 전자기술에 대한 헤디와 조지의 공헌을 표창했다는 점은 짚고 넘어갈 만하다. 2000년에 헤디는 캘리포니아 주에서 조용하고 편안하게 세상을 떠났다. 55년이나 늦긴 했지만, 미모의 여배우 발명가는 황천에서나마 사회의 인정을 받는 기쁨을 누렸고, 파트너인 조지에 비하면 아쉬움을 조금이나마 덜 수 있었다.

민수는 미녀 스타의 특허 보유 이야기를 마치고 다시 기술 차원의 얘기로 돌아왔다. 민수는 [그림 5.4.3]에서 오른쪽의 두 그림을 가리키며 말했다.
"봐봐. 대역확산 기술에는 주파수 변조 대역확산과 직접 대역확산 두 가지가 있어. 이 두 방법의 경우, 그림에서 의사난수 코드Pseudo-random Code라고 되어 있는 코드를 써야 대역확산이라는 목적을 달성할 수 있어."
자동 피아노의 건반은 주어진 코드에 맞춰 눌러진다. [그림 5.4.3]의 의사난수 코드가 바로 그 코드다. 연주에서 악보가 중요하듯, 의사난수 코드의 특성은 대역확산통신에 중요한 역할을 한다. 의사난수 코드의 특성 중 듣는 사람에게 감동을 주는 음악의 악보와 긴밀한 관계가 있는 것은 통신 시스템의 보안 수준이다.
"와! 자동 피아노에서 대역확산통신을 발명하다니, 이것도 '타산지석他山之石'의 좋은 사례네요."
인찬이가 감탄하며 말했다.

사람의 귀는 음악의 수신기다. 우리가 휴대전화로 전화를 받을 때는 휴대전화가 대역확산통신 과정의 수신기다. 피아노가 연주하는 음악은 다른 사람이 들어도 상관없지만, 통신 과정에서 보안성은 매우 중요한 부분이다. 일대일 방식의 이동통신에서 의사난수 코드는 한 대의 휴대전화만 지목하고, 유일하게 그 휴대전화만 비밀번호로 만들어진 기차를 식별해서 기차에 실린 정보를 내릴 수 있다.

의사난수 코드는 [그림 5.4.3]의 위쪽 그림처럼 1과 0으로 구성된 신호 서열signal sequence에 불과하다. 이 서열에는 어떤 특성이 요구될까?

우선 겉으로는 무작위인 것처럼 보인다. 즉 각 시점에서 임의로 0 또는 1을 선택한다. 그러면 전파 도중에 통신의 양 당사자를 제외한 제3자의 입장에선 수신하는 신호가 소음과 별다른 차이가 없다. 이렇게 해서 보안성을 확보할 수 있다.

그러나 의사난수 코드는 역시 의사난수에 불과하다. 무작위로 보이기만 할 뿐, 실제로는 확정적이고 이미 알고 있는 방법으로 발생한다. 완전한 무작위, 완전한 무질서라면 그것을 해독decode할 방법도 없기 때문이다. 뿐만 아니라 이용자들이 각기 다른 코드방식을 사용해야 이용자를 구분할 수 있고, 수신자가 송신자와 전혀 다른 의사난수 코드를 만들어야 해독이라는 목적을 이룰 수 있다.

의사난수 확산 코드는 디지털 회로를 사용해 더 쉽게 구현할 수 있다. 기술적으로 너무 복잡하면 경제적 이익이 없어지지 않을까?

CDMA 기술에서 자주 사용하는 의사난수 코드에는 M 계열maximum length sequence 확산코드, L 계열 확산코드, Gold 계열 확산코드 등이 있다. 예를 들어 가장 광범위하게 응용되는 M 계열 확산코드는 [그림 5.4.4]와 비슷한 선형 피드백 시프트 레지스터linear feedback shift register, LFSR를 적용해서 만들 수 있다.

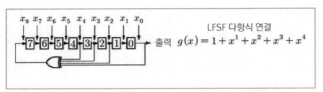

그림 5.4.4 선형 피드백 시프트 레지스터

위의 LFSR과 비슷한 장치가 만들어내는 이진법 서열이 훌륭한 무작위성을 갖는다는 사실이 증명된다. 그러나 그것은 선형 디지털 회로의 산물이기 때문에, 사실은 여전히 주기 신호_periodic sequence다. 주기성은 우리가 요구하는 무작위성과 상충된다. 따라서 실제 응용할 때는 M 수치를 크게 해서 주기를 늘리고 보안성을 강화한다. 하지만 주기성만 있으면 도청자가 일정 시간대의 신호를 탈취해서 코드를 풀 수 있다. 이 고전적인 의사난수 코드는 주기성 외에도 큰 취약점이 하나 더 있다. 수량이 한정되어 있기 때문에 이동통신 이용자가 대폭 늘어남에 따라 사용 가능한 코드의 수량도 현저히 부족해지고 있다는 것이다.

물론 통신 전문가들은 카오스 현상의 신기한 특징을 놓치지 않았고, 비선형 회로가 만드는 카오스 코드로 자연스럽게 시선이 쏠렸다. 카오스 회로가 만드는 서열에는 주기성이 없기 때문에 보안 수준이 높아진다. 카오스 서열의 또 하나의 큰 강점은, 이 역시 핵심인 '나비효과'에서 비롯됐다는 점이다. 즉 초기값에 대해 굉장히 민감하다. 일기예보에서는 비호감인 나비효과가 어째서 큰 강점으로 변신했을까? 그 민감성을 이

$x_{n+1} = 4x_n(1-x_n)$ $(x_0 \in (0,\ 1))$				
n	$x_n(x_0 = 0.2)$)		$x_n(x_0 = 0.200001)$	
1	0.2	0	0.200001	0
2	0.64	1	0.640002	1
3	0.9216	1	0.921597	1
4	0.289014	0	0.289023	0
5	0.585421	1	0.585381	1
10	0.147837	0	0.148746	0
15	0.00393603	0	0.0107232	0
20	0.820014	1	0.313694	0
30	0.320342	0	0.130139	0
40	0.0978744	0	0.546844	1
50	0.611733	1	0.628073	1

그림 5.4.5 극소한 차이의 두 초기값으로 만든 두 개의 카오스 서열

용할 수 있기 때문이다. 즉 초기값을 살짝 바꾸면 결과가 현저히 달라지고, 전혀 다른 카오스 코드를 만들 수 있기 때문이다. 그러면 선형 의사난수 코드의 수량 부족 문제를 해결할 수 있다.

카오스 코드의 세 번째 강점은 수학 모델이 간단해서 신호를 만들기 쉽고, 간단한 비선형 반복함수를 얻을 수 있다는 점이다.

다시 로지스틱 반복 사례로 카오스 코드의 강점을 알아보자. 예를 들어 〈식 2.7.2〉의 계수 $k = 4$의 경우, 그러니까 로지스틱 분기 [그림 2.7.2]에서 가장 오른쪽에 있던 점을 살펴보자. 이때의 계는 중복 없이 0에서 1까지의 모든 상태를 돌아다니면서 완전한 카오스를 나타낼 것이다. k의 수치는 이미 4로 고정되어있지만 초기값 x_0 은 다를 수 있다. 다른 x_0 을 취하면 다른 카오스 코드를 얻을 수 있다. 또 x_0 은 0과 1사이에서 아무 실수나 취해도 되며, 그러면 무궁무진하게 다양한 카오스 코드 [그림 5.4.5]를 만들 수 있다.

[그림 5.4.5]는 상이한 초기값(0.000001 차이)으로 만든 두 개의 카오스 코드를 보여준다. 이 수치들을 보면, 반복 횟수가 늘어남에 따라 두

서열이 점차 분리되고, 반복 횟수가 15회 이상이 되면 서열값의 변화는 전혀 상관이 없어지는 사실을 알 수 있다.

이렇게 해서 '나비효과'는 대역확산통신용 카오스 코드의 최대 강점으로 떠올랐다. 많은 카오스 코드를 만들어서 끊임없이 증가하는 고객의 수에 대처할 수 있기 때문이다.

6장

1은 2를 낳고, 2는 3을 낳고, 3은 만물을 낳는다

노자는 《도덕경》에서 만사와 만물이 낳고 형성하고 잉태하고 만들어지는 법칙의 이치를 이렇게 설명했다. "천하의 만물은 유에서 시작됐고 그 유는 무에서 시작됐다. 만물은 음을 짊어지고 양을 품고 있는데, 상승하는 기운으로 조화를 이룬다."

6.1

3이
카오스를 낳는다

오늘 프랙탈 카오스 동아리 활동에서 정우가 '주기 3은 카오스'라는 이야기를 들려주었다.

한 신입 회원이 먼저 질문을 던졌다. "미안한데 주기 3이 무슨 뜻인지 먼저 설명해줄 수 있을까요?"

"전에 그렸던 로지스틱계의 분기 그림(그림 2.7.2)을 기억해?" 정우가 말했다. "로지스틱계는 생태계의 번식을 설명해. 최후의 개체수가 하나의 고정값을 향하면 주기 1이라고 하고, 최후의 개체수가 두 개의 고정값 사이에서 돌아다니면 주기 2라고 해. 최후의 개체수가 세 개 값 사이에서 돌아다니면 주기 3이라고 하지."

신입생은 똘똘하게 눈동자를 슥 돌리는 것이, 이해했다는 눈치였다. "아, 주기는 패스하는 사람의 수구나. 주기가 1이면 한 사람밖에 없어서 이리 던지고 저리 던져도 결국 한 사람 손에 떨어지는 거고, 주기가 2면 두 사람이 패스하는 거네. 주기 3은 세 사람이, 주기 4는 네 사람이 패스하는 거고……"

카오스 이론에 핵심적인 기여를 한 학자 중에 리톈옌李天岩이라는 중국계 과학자가 있다. 바로 리톈옌이 박사 때 논문 지도교수였던 요크James A. Yorke와 함께 카오스라는 이름을 만든 장본인이다.

요크는 개성이 강한 미국 수학자로 정치에 관심이 많고 다방면에 흥미가 있었으며, 재능이 많고 외모에 신경을 쓰지 않는 사람이었다. 응용수학을 연구한 요크는 학문의 경계를 넘은 변두리 지대를 배회하길 좋아했다. 요크가 몸담은 미국 메릴랜드대학교 응용수학연구소에 기상을 연구하는 펠러A. Feller라는 교수가 있었다. 1972년에 요크는 펠러 교수에게서 일기예보, 나비효과 등 로렌츠에 관한 논문 몇 편을 얻고 큰 흥미가 생겼다. 또한 요크는 로렌츠의 세 방정식을 연구하면서 수학자의 예리한 직감으로 연속 함수에 주기가 3인 점이 있으면, 그 함수의 장기적 행위는 굉장히 독특할 것이며 로렌츠가 발견한 이상한 끌개와 비슷할 것이라고 추측했다. 요크는 이 생각을 리톈옌에게 전하면서, 이 애제자에게 자신의 가정을 증명해보라고 부추겼다.

리톈옌은 역시 스승의 기대를 저버리지 않았다. 훗날 리-요크Li-Yorke 정리라고 불린 가정을 약 2주 만에 전부 증명해냈다. 뿐만 아니라 초등 미적분의 평균값의 정리만 사용해 간단하고 쉽게 증명했다. 두 사람은 증명한 결과를 정리해서 비교적 대중적인 잡지인 〈월간 아메리칸 매스매티컬American Mathematical Monthly〉에 원고를 보냈다.

그런데 잡지사의 편집자는 논문의 내용이 지나치게 전문적이라고 판단하고 원고를 돌려보냈고, 다른 간행물에 보내든지 학생들이 이해할만하게 고쳐보라고 조언했다. 당시 리톈옌은 박사논문에 집중하고 있었고 병에 시달리고 있던 때라서 논문을 고칠 여유가 없었다.

리톈옌이 병에 시달렸다는 얘기가 나오니, 이 전설적인 중국계 수학자에 대해서 몇 자 더 적고 넘어가야겠다.

리톈옌은 푸젠성福建省 사현沙縣에서 태어나 세 살 때 부모님을 따라 타이완으로 갔다. 대학교를 졸업하고 미국에 가서 박사과정을 밟았고 요크 교수에게 사사했다. 그 후 계속 미국 미시건주립대학교Michigan State University 수학과 교수로 재직하고 있다. 리톈옌은 미국에 정착한 뒤 수십 년 동안 몹쓸 병마와 싸웠다. 신장 투석, 신장 이식, 심혈관 수술 등 큰 수술을 열 번도 넘게 겪었다. 강한 의지력의 소유자인 리톈옌은 오랜 병상 생활에서도 연구를 놓지 않았고, 응용수학과 계산수학computational mathematics 분야에서 선구적인 기여를 했다.

리톈옌과 요크의 논문은 〈월간 아메리칸 매스매티컬〉에서 퇴짜를 맞은 후 책상 한 구석에 방치되어 있었다. 1년 후에 카오스 이론의 창시자 중 한 사람인 유명한 생태학자 로버트 메이가 프린스턴대학교에서 메릴랜드대학교로 와서 자신의 로지스틱 방정식에 대해 얘기할 때까지 논문은 찬밥 신세였다.

로버트 메이가 개체 번식의 주기가 점점 늘어나고 또 늘어나서 마지막에 이상한 행위가 나타나게 만든다는 로지스틱계의 주기배가분기 현상을 소개하자, 요크는 '주기 3'에 대한 자신의 가정이 머리에 번쩍 스쳤다. 강연이 끝나고 요크는 로버트 메이를 공항까지 배웅하면서 아직 발표하지 않은 리톈옌의 논문을 급히 보여주었다. 로버트 메이는 그 자리에서 논문의 관점과 증명이 주기로 인한 분기, 질서에서 무질서로 넘어가는 현상을 수학적으로 가장 잘 설명할 수 있을 것 같다고 했다.

그 말 한 마디에 정신을 차린 요크는 공항에서 학교로 돌아오자마자 곧바로 리톈옌을 찾아갔다. 3개월 후에 〈주기 3은 카오스다〉라는 유명한 논문이 1975년 12월 〈월간 아메리칸 매스매티컬〉에 발표되면서 드디어 세상에 나왔다.

리텐옌과 요크가 논문 제목에 이상한 행위를 가리키는 말에 카오스라는 장난스런 이름을 붙인 것이 흥미롭다. 뜻밖에 이 이름은 사람들의 관심을 끌었고, 그것을 설명하는 이론과 함께 쫙 퍼지면서 유명해졌다. 이 스토리에 딸린 에피소드도 있다.

〈주기 3은 카오스다〉라는 논문의 저자이자 '카오스'라는 단어를 만든 장본인인 요크는 여러 곳에서 초청을 받아 강연을 하러 다녔다. 한 번은 동베를린에서 강연을 마친 뒤에 유람선을 타다가 샤르코우시키^{Oleksandr} Mykolaiovych Sharkovsk, 1936- 라는 우크라이나의 수학 교수를 만났는데, 이 교수가 자신보다 10년 먼저 '리-요크 정리'와 비슷한 정리를 증명했다는 놀라운 사실을 알았다. 대체 어떻게 된 일일까?

이론 물리와 수학 분야에서 소련 학자들의 성과는 무시할 수 없다. 소련 학자들이 "너희 미국인들이 한 일을 우리는 10년 전에 했다"면서 서양인들을 비웃는 것도 무리는 아니다.

그 후 요크는 샤르코우시키가 잡지 〈우크라이나 매스매틱스〉 1964년 제16기에 발표한 논문을 받았다. 미국 수학자들은 듣도 보도 못한 잡지였다. 리-요크의 논문이 발표된 1975년보다 무려 11년이나 앞선 시기였다.

리텐옌과 요크의 논문 〈주기 3은 카오스다〉의 첫 번째 부분은 한 계에 '주기 3'이 나타나면 어떤 정수의 주기가 나타나고, 그러면 계는 반드시 카오스로 향한다는 사실을 증명했다. 계에 3 주기점이 있으면 모든 주기점이 있는 셈이라고 할 수도 있다.

반면 샤르코우시키 정리는 훨씬 일반적인 상황을 기술했다. 샤르코우시키는 자연수를 아래의 방식으로 배열했다.

3, 5, 7, 9, 11, 13, 15, 17, 19, 21, …, 1 이외의 모든 홀수

$2 \cdot 3, 2 \cdots 5, 2 \cdot 7, 2 \cdot 9, 2 \cdot 11, 2 \cdot 13, \cdots$, 2 나누기 위의 행

$2 \cdot 2 \cdot 3, 2 \cdot 2 \cdot 5, 2 \cdot 2 \cdot 7, 2 \cdot 2 \cdot 9, 2 \cdot 2 \cdot 11, \cdots$, 2 나누기 위의 행

......

그 다음 샤르코우시키는 어떤 정수 n 이 다른 정수 m 의 뒤에 있다고 가정할 때, 함수에 주기 m 인 점이 있으면 반드시 주기 n 인 점이 있다는 사실을 증명했다.

3은 이 서열에서 제일 앞에 있는 수이므로, 샤르코우시키 정리에서 m = 3인 특수 사례가 바로 리-요크 정리의 첫 번째 부분임을 알 수 있다.

미국 학자들이 부끄러워 얼굴을 들 수 없을 법한 결과였지만, 리-요크 정리의 두 번째 부분이 미국인의 체면을 살리고 기를 펴게 해주었다. 샤르코우시키 정리에는 없는 이 부분은 초기값에 대한 결과의 민감한 의존성과 그로 인해 발생하는 예측불가성, 즉 카오스의 본질을 낱낱이 밝혀냈기 때문이다.

러시아 과학자들이 내공이 탄탄하고 많은 성과를 낸 것은 사실이지만, 한 방식에 얽매이지 않는 서구 학계의 활기찬 분위기, 학문의 경계를 넘나드는 친밀한 소통, 이론과 응용의 자연스러운 융합은 동양의 학자들이 깊이 고민하고 배워야 할 부분이다.

강연이 끝난 후 몇몇 학생이 교실에 남아서 숫자 '3'에 대해 이런저런 얘기를 나누었다.

"주기 3? 왜 '3'이지? '3'은 아마 특별한 숫자일 거야. 주기 3은 동양 철학자들의 상상을 자극하는 숫자야. 중국 속담에 3과 관련된 말이 많잖아."

"세 사람이 길을 걸으면, 그 가운데에는 반드시 자신의 스승이 될 만한 사람이 있다."

"갖바치 셋이면 제갈량을 이긴다."

"여자 셋이면 나무 접시가 들논다."

"일은 세 번을 넘겨서는 안 된다."

……

'주기 3은 카오스다'라는 말은 "하나가 둘을 낳고, 둘이 셋을 낳고, 셋이 만물을 낳는다—生二, 二生三, 三生萬物"는 노자의 말에 딱 들어맞지 않는가? 노자는 "하나가 둘을 낳고 둘이 셋을 낳고 셋이 넷을 낳고 넷이 다섯을 낳고……"처럼 선형적으로 인과 순환해 나가지 않고, 셋까지만 세고 유턴했다. '3'은 마치 선형에서 비선형으로 가는 전환점 같다.

장자는 우화에서 더 신기한 말을 했다. "남해의 제왕은 숙이라고 하고 북해의 제왕은 홀이라고 하며 중앙의 제왕은 혼돈이라고 한다南海之帝爲儵, 北海之帝爲忽, 中央之帝爲渾沌." 세 명의 제왕이 나오는데 그 중에 혼돈이라는 말이 있다. 수천 년 전에 살았던 중국 철학자가 3과 혼돈을 연결시킨 것이다!

자기조직화 현상

카오스 현상은 비선형계의 특징이라서 차원이 유한한 선형계에서는 카오스 악마가 나타날 수 없지만 차원이 무한한 선형계에서는 카오스가 나타날 수 있다. 또한 미분방정식으로 설명하는 연속계와 그에 대응하는 이산계의 카오스도 모습이 조금 다르다. 푸앵카레는 3차원 이상의 연속계에서만 카오스가 나타날 수 있음을 증명한 바 있다. 한편 이산계는 차원의 제한이 없고, 앞에서 토론했던 로지스틱 사상이 바로 1차원계에서 카오스가 나타나는 전형적인 사례다.

자연계에는 비선형계가 훨씬 많다. 자연 현상은 본질적으로 복잡하고 비선형적이다. 그래서 카오스 현상은 자연에서 흔히 볼 수 있는 보편적인 현상이다. 물론 어느 정도는 선형에 근접할 수 있는 자연 현상도 많다. 지금까지 전통 물리학과 다른 자연과학의 선형 모델이 큰 성공을 거둘 수 있었던 원인이 바로 여기에 있다.

사람들이 자연계의 여러 복잡한 현상을 본격적으로 연구하고, 각 분야에서 갈수록 많은 과학자들이 선형 모델의 한계를 깨닫기 시작하면서 비선형 연구는 21세기 과학의 선두 분야로 자리잡았다.

비선형 과학에선 질서에서 카오스로의 전환을 연구할 뿐만 아니라 무질서에서 어떻게 질서가 만들어지는가에도 관심이 있다. 이 문제는 생명의 발생 및 진화와 관계가 있기 때문이다. 이 분야에서 물리, 수학과 관련된 주요 연구 방향에는 자기조직화 이론self-organization, 솔리톤soliton과 세포자동자cellular automata 등 세 가지가 있다.

카오스 현상을 언급할 때면 계의 장기간 행위가 거론되곤 한다. 여기에서 장기간이란 시간이 무한히 흘러간다는 뜻이라는 것은 쉽게 이해가 간다. 시간은 무엇일까? 일상생활에서는 시간의 개념이 뚜렷한 것 같은데, 물리와 철학에서는 수백 년 동안 논의와 탐색이 끊이지 않았다. 시간이란 것이 생긴 까닭에 대해 지금까지도 답이 나오지 않았다. 그런데 시간에는 방향성이 있다. 시간은 한 번 가면 돌아오지 않으므로 기회를 놓쳐서는 안 된다. 이 점을 부정할 수는 있는 사람은 아무도 없을 것이다. 그러나 참 이상하게도 고전 물리학의 대다수 이론을 다룬 똑똑한 과학자들은 정작 시간의 방향성을 간과했다. 열역학만 제외하고.

열역학에는 제2법칙이란 것이 있는데, 열역학의 진행 과정과 관련한 방향성 문제를 논한다. 1864년에 프랑스 물리학자인 루돌프 클라우지우스Rudolf Julius Emanuel Clausius는 저서 《열의 역학적 이론에 관하여the mechanical theory of heat》에서 과정이 진행하는 시간의 방향을 정량적으로 설명하기 위해 최초로 새로운 물리량을 제안했는데, 사람들은 그 개념에 엔트로피entropy라는 특이한 이름을 지었다.

"엔트로피가 뭐 하는 거야? 전에 물리를 공부하다가 그 단어를 접했을 때 딱 봐도 겁이 나서 바로 멀리하게 되더라고……" 승우가 미간을 찌푸리며 볼멘소리를 했다.

정우가 웃었다. "사실 뭐 그리 심오한 건 아니야. 쉽게 말하면 엔트로피의 크기로 많은 입자(원자, 분자)로 구성된 계의 무질서도를 측정해."

엔트로피는 계의 혼란한 정도, 또는 무조직 정도를 나타내는 단위다. 클라우지우스 이후에는 통계물리학자인 볼츠만Ludwig Edward Boltzmann이 엔트로피와 정보를 연결시켜서 엔트로피는 한 계가 잃은 '정보의 단위'라는 개념을 제시했다. 일리가 있는 표현이다. 순서는 일종의 정보인데 질서에서 무질서로 바뀌면 순서를 잃는 것이기 때문이다. 즉 일부 정보를 잃는 것이다. 그 후 클로드 섀넌Claude Elwood Shannon이 볼츠만의 생각을 적용하고 발전시켜서 엔트로피의 개념과 물리학의 통계법을 통신 분야에 도입해 정보학의 이론적 토대를 확립했다. 그래서 정보학의 아버지라고 불린다.

아무튼 계가 어수선할수록 엔트로피는 커지고, 계가 질서가 있을수록 엔트로피는 작아진다. 열역학 제2 법칙은 엔트로피 증가 법칙이라고도 하는데, 고립계에서 총 엔트로피는 항상 증가한다고(영원히 감소하지 않는다고) 한다. 즉 계는 항상 질서에서 무질서로 넘어가며 그 과정이 역으로 진행될 수는 없다. 우리가 관찰한 많은 물리 현상들은 전부 혼란도가 증가하며 역행이 불가능한 과정이다. 이를 테면 결정체가 된 얼음을 뜨거운 물에 넣으면 점점 융화하고, 질서 있던 결정체가 무질서하게 되면서 엔트로피가 증가한다. 맑은 물에 붉은 잉크 한 방울을 떨어뜨리면 잉크 과립이 자동으로 물에서 확산하고, 물은 무질서하게 불그스름한 용액이 된다. 에너지는 항상 온도가 높은 곳에서 온도가 낮은 쪽으로 이동하고. 자연계에서도 마찬가지다. 화염이 타면 재가 남고, 산의 돌은 풍화해서 흙이 된다. 강물은 아래로 흘러 바다로 들어가고, 사물은 질서에서 무질서로 넘어간다. 낮은 수준으로, 카오스로 넘어가는 것이다. 반대 과정은 자동적으로 발생하지는 않는 듯하다.

승우는 여전히 미간을 찌푸렸다. "방금 예로 든 물리 현상들은 역행이 불가능하긴 해. 얼음은 녹으면 자동으로 다시 뜨거운 물에서 결정체가 될 수 없고, 생쌀은 밥을 지으면 다시 쌀이 될 수 없고. 이미 죽은 생물체가 갑자기 다시 살아날 수 없는 것처럼. 시간은 확실히 방향성이 있어. 세월이 거꾸로 흐르지는 않으니까. 그 부분은 동의해. 하지만 사물이 항상 질서에서 무질서로, 높은 수준에서 낮은 수준으로 간다는 의견에는 반대해! 생물이 진화하는 과정을 보면 늘 단계를 거듭하고 세대를 거듭할수록 단순함에서 복잡함으로 나아갔거든. 수억 년이 흐르면서 이 세상은 무질서 속에 질서와 생명이 생겼고, 낮은 수준의 생명이 높은 수준의 생명으로, 미생물에서 고등동물, 그리고 인간으로 진화했잖아! 그러면 낮은 수준에서 높은 수준으로 향한 그 기나긴 진화 과정에서 엔트로피는 증가한 거야 아니면 감소한 거야?

정우가 말했다. "서두르지 마. 방금 내가 얘기한 엔트로피 증가 법칙은 닫힌계에만 적용할 수 있어. 전 우주, 이 광활한 세계의 만사와 만물을 단순히 닫힌계로만 볼 수는 없고……"

열역학 제2 법칙에서 얘기하는 변화의 방향은 다윈의 생물 진화론에서 말하는 변화 방향과 반대인 것은 맞다. 생물학과 이론물리학은 간극이 크다. 물론 열역학 제2 법칙은 닫힌계에만 적용할 수 있고, 생물체와 같은 열린계까지 무한히 확장해서 응용해서는 안 된다. 하지만 닫힌계의

그림 6.2.1
텍사스대학교 오스틴 캠퍼스의 일
리야 프리고진Ilya Prigogine

엔트로피는 증가하는데 어떻게 열린계의 엔트로피는 감소하는 것으로
바뀔까? 이 두 이론에서 생기는 변화의 패러독스를 어떻게 해야 조율하
고 정리할 수 있을까? 돌의 풍화, 잉크의 확산은 흔히 볼 수 있는 현상
이고, 씨에서 싹이 트고 아기가 태어나는 것도 우리가 잘 아는 생활 상
식이다. 그러면 어떻게 연결 고리를 만들어야 물리학의 변화 이론과 생
물학의 진화 법칙을 연결할 수 있을까? 과학자들은 이 문제 때문에 거
의 백 년 동안 골머리를 앓았다.

이 난감한 변화 패러독스를 배경으로 벨기에의 물리화학자인 일리야 프
리고진이 역사의 무대에 등장했다. 프리고진은 비평형 상태의 열역학을
연구하고 산일구조론Dissipative Structure을 창시해 자기조직화 현상을 연구했
다. 이를 통해 이론물리와 현대 생물학의 간극을 메우려고 시도했다. 이
성과들 덕분에 1977년에 노벨화학상을 탔다.
자기조직화 현상이 뭘까? 우리가 토론했던, 계가 질서에서 카오스로 가
는 과정과 다르고, 열역학 제2 법칙에서 설명하는 엔트로피 증가의 변

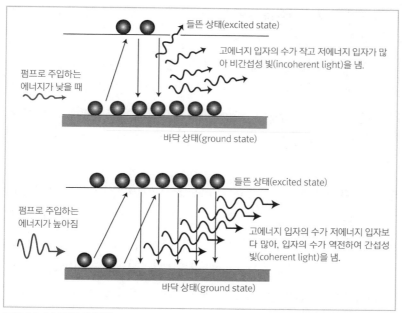

그림 6.2.2 레이저의 형성

화 방향과는 정반대다. 다시 말해서 일정한 조건에서 열린계는 무질서에서 질서로 변할 수 있고, 열린계는 외부에서 마이너스 엔트로피를 흡수해서 엔트로피 값이 줄어들 수 있다. 이때 계의 분자, 원자들은 일정한 법칙에 따라 자동으로 움직이고, 질서 있게 조직을 이루기 시작한다. 이런 현상을 자기조직화 현상이라고 한다.

프리고진은 자기조직화 현상을 만드는 조건에 다음 네 가지가 포함된다고 생각했다.

① 반드시 열린계여야 하며 산일구조계여야 한다.

② 평형 상태와 거리가 멀어야 비선형 구역으로 진입할 가능성이 생긴다.

③ 계의 각 부분들 간에 비선형 상호 작용이 존재해야 한다.

④ 계의 매개변수들은 등락이 존재해야 하며, 등락의 변화가 일정한 역치threshold value에 도달하면 안정적인 상태가 불안정해지고, 계에 급작스런 변화가 생겨 굉장히 질서 있는 상태를 나타낼 수 있다.

자기조직화 현상에서 계는 고도의 조직성을 보이기 때문에, 물리이론의 각도에서 생명의 형성을 설명할 수 있는 가능성을 열어주었다. 뿐만 아니라 물리, 화학 분야에서도 자기조직화 현상을 종종 관찰할 수 있다. 레이저가 바로 시간이 질서 있게 자기조직화를 하는 사례다. [그림 6.2.2]와 같이 헬륨 네온He-Ne 레이저의 발생 메커니즘 그림에서 레이저는 열린계고, 외부에서 펌프를 통해 레이저에 에너지를 주입한다. [그림 6.2.2] (a)는 주입 출력이 낮을 때의 경우다. 이 경우 각각의 네온 원자는 내뿜는 광파의 주파수, 위상과 진동의 방향이 저마다 다르다. 때문에 무규칙적으로 미약한 자연광을 낸다. 주입 출력이 일정 값까지 증대하면 [그림 6.2.2] (b)처럼 계에 급작스런 변화가 생긴다. 많은 원자가 자기조직화 현상을 보이면서 같은 주파수, 위상, 방향으로 간섭성이 높은 광다발을 발사한다. 이렇게 해서 레이저가 생긴다.

6.3

솔리톤 이야기

비선형 연구에서 또 하나의 핫이슈는 솔리톤soliton이다.

수면파water wave에서 솔리톤이 발생하는 현상을 처음 발견한 것도 벌써 180년이나 됐다. 1834년 8월의 어느 날, 스코틀랜드 에든버러 부근의 유니온 운하 둔치에서 26세의 조선공학자인 존 스콧 러셀John Scott Russell이 말을 타고, 배가 강에서 움직이는 광경을 관찰하며 발견했다.

그 후에 러셀은 그날의 놀라운 발견을 이렇게 설명했다.

"배 한 척의 움직임을 관찰하고 있었다. 그 배는 좁은 강줄기를 따라 말 두 필로부터 빠르게 끌려 들어갔다. 배가 갑자기 멈추었지만 물길에서 밀려 나아가던 수괴water mass는 정지하지 않았다. 수괴는 뱃머리 주위에 모여서 격렬하게 출렁거렸다. 갑자기 수괴에서 동그랗고 매끄러우며 실루엣이 또렷하고 거대한, 고립적으로 치솟는 물 봉우리가 나타나 빠른 속도로 뱃머리를 떠나 세차게 앞으로 치고 나갔다. 이 물 봉우리는 물길을 따라 계속 전진했는데 형태가 변하지 않고 속도도 줄어들지 않았다. 나는 말을 채찍질하며 쫓아가서 그 봉우리를 따라잡았다. 봉우리는 계속해서 시속 8 ~ 9마일의 속도로 앞으로 굴러갔고, 동시에 길이 약 30

(a) 1834년에 최초로 솔리톤
(이동파)을 관찰한 러셀

(b) 물결의 솔리톤 현상 Phys. Rev. E 86, 036305 (2012)

(c) 컴퓨터 시뮬레이션으로 만든 KdV 방정식 솔리톤의 해[45]

그림 6.3.1 솔리톤

피트, 높이 약 1 ~ 1.5피트의 원래 모습을 계속 유지했다. 나는 2마일을
쫓아간 후에야 봉우리의 높이가 점점 줄어드는 것을 발견했다. 마지막
에 커브를 도는 부분에서 나는 봉우리를 놓쳤다."

젊은 러셀은 이 특이하고 아름답고 고립적인 물 봉우리에 매료되었고,
자신이 새로운 물리 현상을 발견했다는 사실을 민감하게 의식했다. 러
셀은 이런 직감을 가질만한 여지가 충분했다. 러셀은 강가에서 종종 관
찰하고 연구를 하던 조선 전문가였고, 종일 물의 흐름이나 물결을 접했
다. 그래서 이 현상이 일반적으로 흔히 보는 물결과 전혀 다르다고 확신
했다. 보통 물결은 금세 분산되고 사라져서 그리 오래 유지되지가 않는
다. 또 러셀은 잘 훈련 받은 선박 설계사이기도 해서 물리와 수학의 기
초가 탄탄했던 만큼, 뉴턴의 이론과 베르누이Bernoulli의 유체역학 방정식
을 포함한 기존의 파동이론들은 자신이 목격한 특이한 현상을 설명한
적도 설명할 수도 없다고 믿었다. 그래서 러셀은 본인이 발견한 것에 이
동파wave of translation라는 새로운 이름을 지었다. 훗날 학계에서는 이것을 솔

리톤이라고 명명했다[그림 6.3.1].

러셀은 우연히 발견한 이동파가 오랫동안 머릿속에서 떨쳐지지 않아서, 이 현상을 제대로 연구하기 위해 집 뒷마당에 커다란 실험용 수조를 만들었다. 러셀은 얼마 지나지 않아서 이동파가 생기는 방법을 파악했고, 운하에서 본 특수한 광경을 재현했다. 수차례의 실험과 연구를 거듭하면서 러셀은 솔리톤의 특수한 성질들에 주목했다. 첫째, 솔리톤의 속도는 파도의 높이와 관계가 있다. 둘째, 솔리톤은 속도와 형태를 유지하면서 오랜 시간동안 전파할 수 있다. 러셀은 실험용 수조안에 하나는 키 크고 마른, 하나는 작고 뚱뚱한 두 개의 솔리톤을 만들곤 했다. 흥미롭게도 키 큰 말라깽이가 항상 작은 뚱땡이보다 더 빨리 달렸고, 매번 늘 작은 뚱땡이를 따라잡았다. 더 신기한 것은 두 파도가 서로 만나면 섞여서 뒤죽박죽이 되어도 각자의 원래 모습과 속도를 잃지 않았고, 만났다가 다시 분리되면 크고 마른 파도가 작은 뚱땡이를 넘어서 계속 빨리 달렸다. 그러곤 작은 뚱땡이를 멀찌감치 뒤에 따돌리곤 했다.

러셀은 솔리톤이 속도와 형태를 오랫동안 유지하며 전파할 수 있으므로 유체역학의 안정적인 해가 틀림없을 것이라고 생각하고, 대담한 추측과 예언들을 내놓았다. 하지만 혼자서 씨름하는 것은 아무래도 역부족이다 보니, 과학계의 관심을 받아 공동 연구를 하고 싶었다. 1844년 9월, 그러니까 물결의 솔리톤 현상을 처음 관찰하고 나서 10년 뒤에 러셀은 영국 과학촉진회 14차 회의에서 〈파동을 논함〉이라는 제목으로 자신이 발견하고 연구한 내용을 멋지게 보고했다. 사람들이 보고서 내용을 신기하고 훌륭하다고 생각하긴 했지만, 러셀은 기대했던 결과를 얻지는 못했다. 혁명적이고 새로운 사상들이 대부분 처음에 겪는 운명과 마찬가지로, 러셀의 견해는 당시 과학계의 권위자들에게 인정을 받지 못했고, 반대로 몇몇 평론가들은 잘못된 길에 빠져 발생한 '비정상적이고 엉뚱한 추측'이라고 매도했다.

러셀이 사망하고 나서 10년 후인 1892년에 네덜란드의 두 수학자가 얕은 수면파 운동의 KdV 방정식코르데베크-드프리스 방정식:Kordeweg-de Vries equation에서 러셀이 설명한 현상과 비슷한 솔리톤의 해를 구했다[그림 6.3.1] (c). KdV 방정식은 러셀이 관찰한 두 솔리톤이 부딪힐 때 발생하는 상황을 입증했다. 두 솔리톤이 만나면 서로 섞이거나 분산하는 대신 각자 원래의 속도, 방향, 형태를 유지하면서 완벽하게 복구됐다. 이 행위는 극미립자microparticle가 부딪힐 때 나타나는 상황과 비슷하고, 그래서 이 현상을 솔리톤이라고 부르는 이유기도 하다.

물리학의 관점에서 보면 솔리톤은 재료 분산 효과material dispersion effect와 비선형 일그러짐non-linear distortion이 합쳐진 특수한 산물이다.

수면파와 광파 등 파동 현상이 만들어내는 마루crest는 여러 상이한 주파수들의 사인파Sine wave로 구성된다고 설명할 수 있다. 주파수가 다른 이 파들은 여러 속도로 전달되는데, 이것이 바로 분산화 현상dispersion phenomenon이다.

파동의 선형 이론에서는 각각의 사인파가 서로 관계가 없고, 주파수가 다른 이 파들을 하나로 맺어주는 존재가 없다. 그래서 제각기 독자적으로 행동한다. 처음에는 거대한 마루를 형성하지만, 이 마루의 여러 주파수를 지닌 파들은 분산화 현상 때문에 속도가 달라져서 마루는 금세 형태가 변하고, 자잘한 잔물결들로 조각나서 카오스를 형성하면서 사방으로 퍼진다. [그림 6.3.2] (a)에서처럼 여기에는 분산화의 상황만 존재한다.

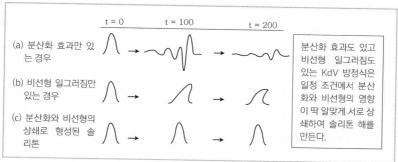

그림 6.3.2 분산화와 비선형 일그러짐의 상쇄로 형성된 솔리톤

다른 측면에서 보면 유체流體 분자들 사이에 존재하는 비선형 효과 때문에 마루의 형태가 또 다른 유형으로 일그러진다. 이 비선형 일그러짐 작용은 [그림 6.3.2] (b)와 같다.

KdV 방정식에서는 분산화 현상을 고려하면서 비선형 효과의 영향도 포함하기 때문에, 일정한 조건에서 이 두 작용은 서로 상쇄한다. 분산화 효과로 인해서 주파수가 다른 잔물결들이 서로 분리되고, 또 비선형 효과는 이 잔물결들을 끌어와서 한데 꽉 얽매어 놓기 때문이다. 그러면 결국 처음의 마루는 사방으로 퍼지지도 않고 일그러지지도 않는다. 오히려 장시간 동안 원래의 모양을 유지하면서 데굴데굴 앞으로 굴러갈 수 있다. 이렇게 해서 러셀이 본 솔리톤, 즉 [그림 6.3.2] (c)와 같은 상황이 생긴다.

KdV 방정식에 솔리톤과 유사한 해가 존재함을 수학자들이 이미 증명했지만, 사람들은 여전히 러셀이 발견한 솔리톤의 중요성을 충분히 인식하지 못했다. 솔리톤은 1960년대에 와서야 운명의 전환을 맞았다.

1950년대에 미국의 세 물리학자 엔리코 페르미Enrico Fermi, 존 파스타John Pasta, 스타니스와프 울람Stanislaw Ulam은 당시 미국이 수소폭탄 설계에 사용했던 대형 컴퓨터를 이용한 조화 진동자harmonic oscillator 64개로 구성된 비선형계를 수치 시뮬레이션을 통해 통계물리학의 '에너지등분배법칙energy equipartition law'을 입증하려 시도했다. 그런데 세 학자의 시뮬레이션은 에너지등분배법칙에 어긋나는, 뜻하지 않은 결과를 냈다. 초기 시점에는 이 조화 진동자의 모든 에너지가 특정한 하나의 진동자에 집중되었고, 나머지 63개의 진동자는 초기 에너지가 0이었다. 에너지등분배법칙에 따르면 계는 마지막에 에너지가 모든 진동 모델에 등분배되는 평형 상태로 넘어가야 한다. 그런데 실험 결과에서는 오랜 시간 동안 컴퓨터 시뮬레이션을 통해 변화한 후에 에너지는 회귀Regression 현상을 나타냈고, 대부분의 에너지가 다시 처음에 에너지를 가졌던 그 진동자로 집중됐다.

당시에 페르미 팀은 진동자가 주파수 영역에 있을 때의 상황만 고려했고, 뜻밖에도 결과가 물리계에서 공인하고 있었던 '에너지등분배법칙'에 어긋났기 때문에 이 현상을 러셀이 발견한 이동파와 연결시키지 않았다. 그래서 솔리톤을 발견할 수 있는 좋은 기회를 눈앞에서 놓치고 말았다. 그 이후에 어떤 사람이 페르미 팀의 연구를 계속 진행하면서 솔리톤 해를 구했고, 그로써 솔리톤 연구의 대한 사람들의 흥미를 한층 더 자극했다. 이후 물리학계는 솔리톤 현상의 본질을 더 분명히 인식했고, 수면파의 솔리톤 외에 음향 솔리톤, 전기 솔리톤, 광 솔리톤optical soliton 등 현상도 차례로 발견했다. 조그마한 솔리톤은 더 이상 외롭지 않게 되었고, '수학과 물리의 꽃'이라고 불리게 되었다.

솔리톤은 특수한 성질 때문에 플라스마 물리학, 고에너지 전자기학, 여체역학, 비선형 광학 등 여러 물리 분야에서 폭넓게 응용되고 있다. 또한 솔리톤은 광섬유 통신, 단백질과 DNA 작용기제, 끈이론String theory에서도 중요하게 활용되고 있다.

특히 광섬유로 전송하는 통신기술에서 광 솔리톤 이론은 대단한 활약을 펼치고 있다. 광 솔리톤은 광섬유에서 전달될 때 장시간 동안 형태, 폭, 속도를 변함없이 유지할 수 있는데, 이 특성 덕분에 초장거리, 초대용량에 안정적이고 확실한 광 통신이 실현되었기 때문이다.

1982년에 러셀 서거 1백 주년을 맞는다, 사람들은 러셀이 말에 채찍질을 하며 고립파solitary wave를 쫓았던 운하 근처에 기념비를 세워서 고군분투 했지만 생전에는 성공을 거두지 못했던 과학의 선구자를 기념했다.

생명 게임

앞에서 자기조직화 현상과 솔리톤 현상을 소개했다. 이런 현상이 나타나는 원인은 외부의 힘과는 무관하며, 그보다는 계 자체 내부의 각 요소들 간의 상호작용, 특히 비선형 작용과만 관계가 있다. 이런 내부 작용이 자가 진화를 거침으로써 계들이 자동적으로 서로 결합하고, 질서가 있는 구조를 형성하는 단체 행위를 나타낸다.

물리학뿐 아니라 과학계의 여러 분야와 사회, 인문, 경제, 네트워크, 시장 등 여러 영역에서 무질서에서 질서로 가는 전환 과정을 관찰할 수 있다. 그 중에서 생명의 진화는 모두에게 익숙한 사례다. 중요하면서도 줄곧 풀리지 않는 수수께끼인 생명의 기원에 대해서는 지금까지도 논란이 분분하다. 생명의 수수께끼는 DNA 분자의 자가 복제 현상에 숨어있고, DNA가 자가 복제를 하려면 단백질이 참여해야 한다. 그런데 단백질이 만들어지려면 DNA가 가지고 있는 정보에 의존해야 한다. 사람들이 우스갯소리로 하는 '달걀이 먼저인지, 닭이 먼저인지'의 패러독스와 비슷하게 들린다. 실제로도 그렇다. 닭과 달걀의 문제는 지금까지도 해결이 되지 않았다. 질문의 본질이 '생명이 어떻게 기원했는지'이기 때문이다.

어쨌거나 생명의 기원이 자가 복제 메커니즘과 관련이 있다는 점을 과학자들은 일찌감치 인식했다. 생물학자들은 실험실에서 분자가 어떻게 자가 복제를 하는가를 연구했고, 수학자들과 물리학자들은 수학 모델을 이용해서 컴퓨터로 자가 복제 현상을 시뮬레이션하고 싶어 했다. 1950년대에 유명한 수학자인 존 폰 노이만John von Neumann은 생물 세포의 자가 복제를 시뮬레이션하기 위해서 세포자동자Cellular Automaton라는 개념을 제기했다. 하지만 당시 학술계에서 중시를 받지 못하다가 1970년에 컴퓨터 기술이 보급되면서 케임브리지대학교의 존 호턴 콘웨이John Horton Conway가 〈생명 게임Conway's Game of Life〉이라는 컴퓨터 게임을 고안한 후에야 세포자동자라는 과제가 과학자들의 관심을 끌기 시작했다.

1970년 10월에 미국의 놀이 수학recreational mathematics 대가인 마틴 가드너Martin Gardner가 잡지 〈사이언티픽 아메리칸Scientific American〉의 '수학 놀이' 칼럼을 통해서 콘웨이의 '생명 게임'을 학술계 밖의 많은 독자들에게 소개해서 한 동안 여러 업계의 많은 사람들의 흥미를 끌었다.

생명 게임이란 것은 사실 일반적인 의미의 게임이 아니다. 게임을 하는 사람들끼리 경쟁을 하는 것도 아니고 승패의 개념도 없어서, 시뮬레이션 게임으로 분류할 수 있다. 게임이 시뮬레이션해서 보여주는 이미지가 생명의 출생과 번식 과정과 흡사하다고 해서 '생명'이라는 이름이 붙었다[그림 6.4.1].

게임은 바둑판에서 바둑을 두는 것과 비슷하다. 하지만 격자가 더 촘촘하고 숫자가 많아서 무한대로 연장할 수 있는 2차원 망에서 진행한다. 예를 들어서 [그림 6.4.1] (a)와 같은 격자무늬 망을 가정하자. 한 격자 안에 생명 세포 하나씩 넣을 수 있고, 각각의 생명 세포의 상태는 삶 또

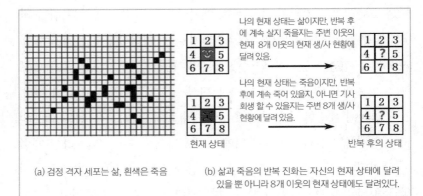

나의 현재 상태는 삶이지만, 반복 후에 계속 살지 죽을지는 주변 이웃의 현재 8개 이웃의 현재 생/사 현황에 달려 있음.

나의 현재 상태는 죽음이지만, 반복 후에 계속 죽어 있을지, 아니면 기사 회생 할 수 있을지는 주변 8개 생/사 현황에 달려 있음.

현재 상태

반복 후의 상태

(a) 검정 격자 세포는 삶, 흰색은 죽음

(b) 삶과 죽음의 반복 진화는 자신의 현재 상태에 달려 있을 뿐 아니라 8개 이웃의 현재 상태에도 달려있다.

그림 6.4.1 2차원의 '세포자동자'인 생명 게임

는 죽음, 딱 두 가지밖에 없다. [그림 6.4.1] (a)의 격자망처럼 살아있는 세포는 검은색 격자로 표시하고 죽어있는 세포는 빈칸(흰색)으로 표시한다. 바꿔 말하면 격자망에서 검은색 부분에는 특정 시기에 특정 생명의 분포도를 표시한다. 생명 게임에서 시뮬레이션 하려는 것은 '시간의 흐름에 따라 이 분포도가 세대별로 어떻게 변화하는지'다.

앞에서 여러 번 접한 반복법을 여기에서 다시 사용한다. 전에 썼던 반복법을 다시 한 번 더듬어보자. 우리는 반복법으로 만델브로 집합, 줄리아 집합 등 여러 프랙탈을 그렸고, 반복법으로 로지스틱계의 주기배가 분기 현상, 계의 안정성, 질서에서 무질서로 넘어가는 과정을 연구했다. 또 반복법으로 로렌츠 방정식과 제한삼체문제의 수치 해법numerical solution 도 구했다. 그러면 생명 게임에서 이용하는 반복법은 뭔가 다른 점이 있을까? 프랙탈 그림과 주기배가분기 그림을 그릴 때 우리는 계의 장기간 행위를 고려했고, 고정적이고 시간에 따라 바뀌지 않는 도형을 그렸다. 미분방정식의 수치 해법을 그릴 때 곡선은 시간에 따라 변하는 함수였지만, 그것은 그냥 공간 중 한 점의 궤적일 뿐이었다. 반면 생명 게임에서는 전체 평면상의 '생명 세포' 분포 현황의 변화 과정을 고려한다. 즉 평면에서 각 점의 생生/사死 상태가 끊임없이 변화한다. 따라서 이 반복 과정은 생동감이 넘치고 흥미진진하다. 그렇지 않으면 게임이라고 부르기가 무색할 것이다.

게임을 시작할 때 세포들은 무작위로(또는 주어진 대로) 삶 또는 죽음 중 어떤 한 상태로 설정된다. 그 다음에는 특정한 규칙에 따라서 다음 세대 세포들의 상태를 계산하고, 다음 세대의 생사분포도를 그린다.

반복 규칙을 어떻게 정해야 할까? 간단하지만 생명들끼리(격자와 격자 간에) 협동하면서 경쟁도 하는 생존 법칙이 있어야 한다. 간단하게 만들기 위해 가장 기본적으로 고려해야 할 것은 모든 세포들이 완전히 똑같은 생존 법칙을 따른다고 가정하는 것이다. 더 나아가 [그림 6.4.1] (b)처럼 세포 간의 상호 영향을 해당 세포에 가장 근접해 있는 8개의 이웃으로 제한하는 것이다. 즉 각 세포의 반복 후 상태는 해당 세포와 주변 8개 세포의 현재 상태로 결정된다. 이렇게 제한을 두어도 생존 법칙의 구체적인 세부사항을 정할 방법들이 많이 있다.

예를 들어 콘웨이의 생명 게임에서는 다음 세 가지의 생존 법칙을 정했다(규칙 B3/S23이라고 부름).

(1) 8개의 이웃 세포 중 3개의 세포가 살아 있으면, 반복 후 해당 세포의 상태는 삶이다.

(2) 8개의 이웃 세포 중 2개의 세포가 살아 있으면, 반복 후 해당 세포의 생/사 상태는 변함없이 유지된다.

(3) 기타의 경우, 반복 후 해당 세포의 상태는 죽음이다.

물론 이 세 가지 생존 법칙을 마음대로 바꿔서 색다른 생명 게임을 발명할 수 있다. 이 규칙들은 게임의 발명자인 콘웨이도 아무렇게나 생각해서 정한 게 아니라, 당연히 주변 환경이 생존에 미치는 영향에 대한 고려가 내재되어 있다. 첫 번째 규칙의 경우, 8개의 이웃 중 3개는 살아 있어야 한다. 많아도 안 되고 적어도 안 된다. 가운데 있는 작은 생명에겐 아마 이 상태가 가장 이상적일 것이며, 따라서 반복 후의 결과는 항상 삶일 것이다. 두 번째 규칙에선 8개의 이웃 중 2개가 살아 있다. 인기가 폭발하는 정도는 아니지만 그럭저럭 괜찮은 수준이다. 가운데의 작은 생명에 미치는 영향이 크지 않기 때문에, 콘웨이는 생사 상태를 원래대로 유지할 수 있다고 생각했다. 세 번째 규칙은 여러 상황을 포함하고 있다. 우선 8개의 이웃 중에 살아 있는 것의 수가 4개 이상이면 엄청 비좁다. 물질이 부족해지니까 죽을 수밖에 없다. 또는 8개의 이웃이 거의 다 죽고 딱 하나만 겨우 목숨을 부지한다. 그러면 가운데의 작은 생명도 생존하기 어려워서 죽고 만다.

이런 식으로 생존 규칙을 정한 다음, 격자망의 초기 분포도에 각 격자별로 다음 세대의 상태를 결정할 수 있다. 그러면 동시에 모든 상태가 업데이트 되면서 2세대의 분포도가 구해진다. 이렇게 한 세대씩, 무한대까지 진행한다. [그림 6.4.2]에는 1세대에서 시작해서 4세대 세포 분포의 변화 상황까지 그려져 있다. 1세대일 때 그림에는 살아 있는 세포(검은색 격자)가 4개 있으니, 위에서 말한 세 가지 생존 규칙을 적용하면 2, 3, 4세대의 상황이 구해지고, [그림 6.4.2]의 결론을 관찰하고 검증할 수 있다.

어쩌면 진행하기가 굉장히 번거로운 게임이라고 할 수도 있다. 격자 하

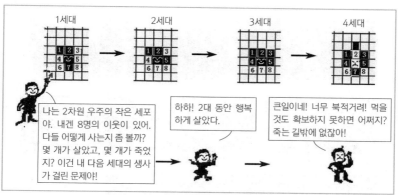

그림 6.4.2 2차원 생명 세포의 1~4세대 변화 과정

나가 한 단계 나아가려면 한나절이 걸리고, 뭐가 재미있는 건지도 모를 것이고 말이다. 하지만 컴퓨터의 도움을 받으면 생명 게임의 재미가 쉽게 와 닿는다. 네 번째 생존 법칙에 따라 프로그램을 만들고 초기상태 그림을 입력하면, 세대별 연산과 디스플레이를 컴퓨터로 신속하게 진행할 수 있다. [그림 6.4.3]에서 시연한 것이 바로 컴퓨터가 시뮬레이션 한 결과다. 초기분포는 $n = 0$인 그림과 같다. 그 다음은 5, 7, 30, 50, 100, 140대 이후의 분포도다. 그림에서 컴퓨터로 그린 도형의 색깔이 앞에서 말한 규정과 정반대라는 점을 주의해야 한다. 검은색 배경 부분은 생명이 없음을 표시하고, 나머지 색깔 부분(검은색을 제외한 모든 색)은 생명의 분포 현황을 나타낸다.

[그림 6.4.3]을 자세히 들여다보면 생명 게임 도형이 변화하는 과정에서 몇 가지 흥미로운 현상을 발견할 수 있다. $n = 0$인 제일 처음의 분포도 그림을 보면 살아있는 세포를 좌측 중간과 우측 세 그룹으로 나눌 수

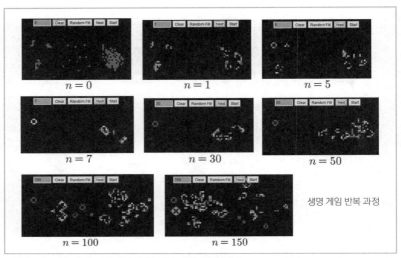

생명 게임 반복 과정

그림 6.4.3 컴퓨터로 시뮬레이션 한 생명 게임 반복 관정
(컴퓨터로 만든 이 그림에서 검은색 부분은 죽음을, 다른 색깔은 삶을 나타냄)
생명 게임 프로그램 출처: http:// www.tianfangyetan.net/cd/java/Life.html

있다. 좌측의 한 그룹은 촘촘하지도 드문드문하지도 않고, 마지막 변화
결과에는 고정된 사각형 도형 하나만 남는다. 중간 그룹은 매우 분산되
어 있다. 인가가 너무 드물어서 2세대에서 전부 죽는다. 우측 그룹이 제
일 재미있다. 처음에는 인구가 밀집해서 미어터진다! 그래서 2세대에서
도 꽤 많이 죽는다. 하지만 인구가 점점 이동하고 분산하면서 그룹에게
더 큰 공간이 생긴다. $n = 50$부터 이 그룹은 인구가 큰 폭으로 증가하고
곳곳에서 자손이 번성한다.

인찬이는 컴퓨터에서 자신이 방금 만든 '콘웨이의 생명 게임' 프로그램
을 실행했다. 화면에 나타나는 오색찬란한 이미지들을 보고 있노라니,
멈추지 않고 콩콩 뛰어다니는 색색의 점들이 하늘에서 쉼 없이 반짝거

리는 별들 같아서 인찬이는 뿌듯한 성취감이 느껴졌다. 특히 여러 초기분포 현황을 설정해서 한참 실행해보고 나서 더욱 흥미진진해졌다. 예를 들어 게임의 초기분포를 랜덤 설정으로 선택하면, 게임이 시작된 후 반복 과정에서 세포가 살다가 죽고 늘어났다가 줄어들며 무궁무진하게 변화하는 모습을 볼 수 있다. 화면에서 생명 세포 도안이 변화하는 움직임을 보면 여지없이 자연계 중 생태계의 변화 규칙이 연상된다. 한 생명은 주변의 동류가 너무 드물고 생명이 너무 적으면, 서로 단절되어 있어 지원을 받지 못하는 상황에 처하게 되어서, 도움을 받지 못해 그 생명도 죽는다. 반면 주변에 동류가 너무 많고 지나치게 빽빽하게 차 있으면 생존 공간이 부족하고 충분한 자원을 얻지 못해서 죽는다. 적합한 환경에 놓인 세포만 활발하고, 후대를 이으며 전파할 수 있다. 인찬이도 게임을 시작할 때 어수선하고 무질서했던 생명의 무작위적 분포 random distribution가 콘웨이의 생존 법칙에 따라 수백 번을 반복하고 나서는 [그림 6.4.4]처럼 항상 비교적 규칙적인 그림이 되는 점에 주목했다. 확실히 무질서에서 질서로 가는 전환이나 정우가 말한 자기조직화 현상과 조금 비슷하다. 게임의 변화 방향은 열역학 제2 법칙에서 설명하는, 평형으로 향하는 변화 방향과는 확연히 다른데, 이 게임을 생명의 기원이나 생명의 진화와 정말 연관 지을 수 있을까?

생명 게임은 생명과학에 대한 인찬이의 흥미를 자극했다. 인찬이는 머릿속으로 어렴풋이나마 자신이 앞으로 나아가야 할 방향을 정했다. '컴퓨터 기술로 생명과학을 연구하는 분야로 가야지.' 그런데 지금 당장은 [그림 6.4.4]에서 $n = 511$인 그림을 흥미롭게 응시했고, 그림 속의 도안을 보며 상상의 나래를 펼쳤다. 컴퓨터 모니터에서는 n이 커질수록 도

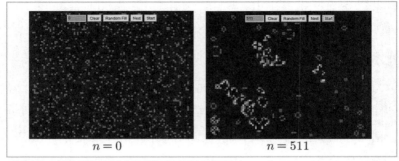

그림 6.4.4 생명 게임의 '무질서에서 질서로' 시뮬레이션

안이 계속 변했다. 어떤 도안은 마지막에 한 위치에 정착해서, 멀리서 침략자가 갑자기 옆에 들이닥치지 않는 한 영원히 변하지 않을 것 같은 모습을 보였다. 이 고정적인 유형의 도안을 보며 인찬이는 한 점으로 수렴했던 고전 끌개를 떠올렸다. 어떤 그룹은 규칙적으로 진동을 하면서 몇몇 도안 사이에서 쉬지 않고 뛰어다녔다. 로지스틱계가 이중균형 상태나 다중균형 상태로 분기할 때와 비슷했다. 또 몇몇 도안들은 우주선, 유람선이나 자동차처럼 자유자재로 사방을 돌아다녔다. 어떤 그룹은 끊임없이 돌아다니면서 도안의 형태도 계속 변했다. 이런 경우는 로지스틱계에서 나타나는 카오스와 조금 비슷한 것이 아닐까? 인찬이는 수학적으로 생명 게임이 로지스틱 카오스계와 어떤 관계가 있는지 떠오르질 않았고, 책에서도 그런 말은 본 적이 없었다. 어디선가 본 듯한 현상이 여기저기서 나타날 뿐이었다. 그럼에도 인찬이는 이 '생명 게임'이 아주 재미있다는 생각이 들어서 도안들을 계속 관찰하고 연구했다. [그림 6.4.4] 중 $n = 511$인 그림이 $n = 0$인 초기 그림보다 확실히 더 질서정연하다. 질서 있게 보이는 도안들은 그러면서도 각기 다르고 특색이

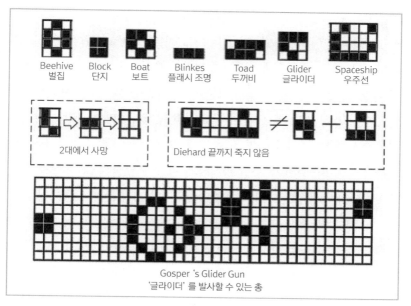

그림 6.4.5 생명 게임 중 특별한 유형의 분포 도안

있다. [그림 6.4.5]에 몇 가지 전형적인 프랙탈 상황을 그렸는데, 이 도안
들의 변화 방식은 정지형靜止型, 진동형, 운동형, 사망형, 부정형不定型 등 몇
가지 유형으로 분리할 수 있다.

예를 들어 [그림 6.4.5]에서 벌집, 단지, 보트는 정지형에 속하는 도안이
다. 외부의 간섭이 없다면, 이 도안들은 일단 나타나면 고정되어 더 이
상 변하지 않는다. 플래시 조명, 두꺼비 등은 몇 가지 도형이 원래 자리
에 반복적으로 나타나면서 만들어지는 진동형이다. 오른쪽 위의 글라
이더와 우주선은 운동형으로 분류할 수 있다. 도형이 바뀌면서 앞으로
이동한다. 생명 게임 프로그램으로 간단한 도안들을 마음대로 테스트
해보면, 몇 세대의 변화를 거친 후에 정지, 진동, 운동 중 하나가 되거나

혼합형이 되는 도안들이 있는 것을 발견할 것이다.

언급하지는 않았지만, 나올 수 있는 결과가 두 가지 더 있다. 하나는 최종적으로 사망으로 향해 완전히 사라지는 도안이고, 다른 하나는 영원히 유동적으로 변하는 경우다. 최종 사망하는 경우 죽는 속도가 빠른 것도 있고 느린 것도 있으며, 어떤 것은 잠깐 나났다가 금방 사라지는 것도 있는데 몇 세대가 가면 자손이 끊긴다(그림에서는 2대에서 사망). 어떤 것은 수백, 수천 대 동안 왕성하게 번창한다. 둘째 줄 두 번째 그림은 130대까지 버티는 사례다. 흥미롭게도 그림에서 끝까지 죽지 않는 것은 두 가지 분포 도안으로 구성된 경우다. 두 분포 도안이 단독으로 존재하는 경우에는 죽지 않고 오래 살지만, 한데 뭉치면 130대까지 존속하긴 해도 결과는 다르다. 결국에는 죽음을 고한다. 이것은 부분의 합이 전체와 다른 사례로 볼 수 있다. 전부 다 거론할 순 없지만, 변화무쌍한 생명 게임에는 이렇게 재미난 일들이 많다.

생명 게임에서 작은 세포들이 따르는 생존 규칙들은 다 같지만, 그 규칙들로 구성되는 여러 형태의 도안은 각기 다른 방식으로 변화한다. 우리는 '복잡한 사물(그것이 생명이라 해도!)도 원래는 몇몇 간단한 규칙에서 기인했다'는 사실을 다시 한 번 깨닫는다. 생명 게임은 프랙탈과 카오스에 이어서 간단함에서 복잡함으로 가는 또 하나의 훌륭한 방식을 제공해주었다.

생명 게임을 발명한 존 콘웨이는 미국 프린스턴대학교 수학과 교수다. 콘웨이는 군론group theory, 수론number theory, 매듭 이론knot theory 및 부호 이론coding theory 등 여러 순수 수학 분야에 몰두했을 뿐 아니라 게임도 열심히 연구하고 발명했다. 여러 가지 기여를 했는데, 가장 중요한 두 가지 성과가 모두 게임과 관련이 있다. 바둑 기보를 분석하고 연구하다가 초현실수surreal number를 발견했고, 영국 케임브리지대학교에 있을 때 발명한 생명 게임으로 명성이 자자해졌다. 특히 〈사이언티픽 아메리칸Scientific American〉에 2회 연속 소개된 뒤, 1970년대 대학 및 지식계에선 콘웨이라는 이름을 모르는 사람이 거의 없었다. 1970년대 초까지만 해도 컴퓨터를 사용한다는 것은 몇몇 소수 과학연구자들의 전유물이어서, 일부 적극적인 사람들은 여가 시간에 종이에다 생명 게임에서 도안이 변화하는 방식을 연구하는 열성을 보이기도 했다. 마틴 가드너Martin Gardner가 훗날 회상한 내용을 보면, 당시 국가의 전체 과학연구 기금 중에서 수백만 달러의 가치에 상당하는 컴퓨터 시간computer time이 딱히 합법적이지도 않은 '생명' 게임을 탐구하는데 사용되었다. 아마추어 애호가들은 간단하면서도 변화가 무궁무진한 이 게임의 규칙에 푹 빠졌고, 생물학자들은 그 속에서 '생태균형ecological balance'의 시뮬레이션 과정을 접했다. 물리학자들은 어디선가 본 듯한 통계 모델을 연상했고, 컴퓨터 과학자들은 서로 질세라 '생명 게임' 프로그램의 특징을 앞 다퉈 연구해서 결국 이 게임이 튜링 기계Turing machine와 등가 관계라는 결론을 증명했다. 생명 게임에 대한 열정과 광기가 지나쳐서 〈사이언티픽 아메리칸〉의 '수학 게임' 칼럼은 과부하에 걸렸고, 특별히 〈라이프라인Lifeline〉이라는 통신 간행물까지 나왔다.

재미있는 일화가 또 하나 있다. 콘웨이는 당시에 생명 게임 중에서 무제한으로 증가할 수 있는 도형을 증명하는 첫 번째 사람에게 주겠다며 50달러의 상금을 걸었다. 얼마 안 가서 MIT의 컴퓨터광인 빌 가스퍼Bill Gosper가 이 문제를 풀었고, [그림 6.4.5]에서 제일 밑에 있는 도안 '글라이

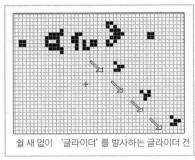

쉴 새 없이 '글라이더'를 발사하는 글라이더 건

그림 6.4.6 생명 게임의 글라이더 건

더 건Gosper's Glider Gun'이 바로 여기에서 비롯됐다. [그림 6.4.6]은 '글라이더 건'이 컴퓨터에서 실행되는 상황이다. 각각의 '글라이더'가 쉴 새 없이 연달아 '총'에서 발사된다.

생명 게임에 무한히 증가하는 경우가 존재함을 증명하는 이 사례는 몇 가지 간단한 생존 법칙으로 구성된 우주 속의 '총'으로 기계가 제품을 만들 듯이 끊임없이 어떤 사물을 만들 수 있다는 용기를 준다. 그렇다면 더 나아가 생명이 형성되는 과정처럼, 변화 과정에서 자가 복제가 가능한 도형을 찾아낼 수 있을까? 폰 노이만도 이러한 아이디어에서 '세포자동자'를 제기한 것이 아닐까?

콘웨이의 생명 게임은 규칙을 바꿀 수 있다. 그래서 생존 법칙을 조금 바꾼 생명 게임 시리즈가 나왔다. 1994년에는 나단 톰슨Nathan Thompson이라는 사람이 생존 법칙을 콘웨이의 B3 / S23에서 B36 / S23으로 바꿔서 하이 라이프라는 게임을 발명했고, 이 게임에서 자가 복제 도안을 얻었다. 그 후에 오리지널 버전인 콘웨이의 생명 게임에서 자가 복제 현상을 도출한 사람도 있다.

흥분한 인찬이는 막 교실로 들어온 승우와 인영이에게 말했다. "생명 게임으로 자가 복제 도안을 관찰할 수 있으니까, 생명 기원의 수수께끼가 풀릴 날도 머지않았어." 그런데 승우는 뜻밖에 인찬이를 한 바탕 놀렸다.

"유치하게 굴지 좀 마. 그건 게임일 뿐이야. 진짜로 생명학적 의미가 있는 생명과는 한참 거리가 있다고! 물론 컴퓨터는 자연을 시뮬레이션 할 수 있는 좋은 도구지만 시뮬레이션은 시뮬레이션일 뿐, 진짜가 아니잖아. 무슨 스티븐 울프람처럼 컴퓨터만 있으면 모든 문제가 해결할 수 있다고 생각하지 마. 별 것도 아닌데 호들갑 떨기는!"

승우가 놀리자 인찬이는 풀이 확 죽었다. 그러면서도 승우가 말한 울프람이 어떤 거물인지 궁금했다. 다음 장을 읽으면 궁금증이 풀릴 테니 조급할 것 없다.

6.5
목수 눈의 달

서양에 이런 속담이 있다. "목수 눈에는 달도 나무로 만든 것으로 보인다."

고대 그리스의 철학자 탈레스는 "만물의 근원은 물"이라고 했다. 탈레스의 학생이었던 피타고라스Pythagoras는 "만물의 근원은 숫자"라고 했다. 또 헤라클레이토스Heraclitus는 "만물의 근원은 불"이라고 했다. 중국의 철학자 맹자孟子는 마음心을 만물의 근본으로 삼았다. 반면 물리 지식을 장착한 근대 철학자들은 "만물의 근원은 원자, 전자 등 기본 입자"라고 했다. 철학자들과 목수는 표현은 다르지만, 간단하면서도 본인이 이해할 수 있는 개념으로 복잡한 세상의 근본을 찾고 싶어 했던 듯하다.

컴퓨터 시대인 오늘날 "만물의 근원은 계산"이라고 하는 이가 있다. 1980년대 후기에 유명한 계산용 소프트웨어 '매스매티카Mathematica'를 개발한 미국 컴퓨터 과학자 스티븐 울프람Stephen Wolfram이 그 장본인이다.

사실 울프람이 "만물의 근원은 계산"이라고 제기한 최초의 사람은 아니다. MIT 컴퓨터 실험실 주임으로 일했던 프레드킨Ed Fredkin이 그보다 앞선 1980년대 초에 "궁극의 실재는 입자나 힘이 아니라 계산 규칙에 따라 변하는 데이터 비트$_{data\ bit}$"라고 했다. 유명한 물리학자 리처드 파인만 Richard Feynman도 1981년에 발표한 논문에서 비슷한 관점을 밝혔다.

그러나 울프람은 그 길을 따라 더 멀리 갔다. 예부터 지금까지 사람들을 괴롭히는 세 개의 철학 문제가 있다. '생명이란 무엇인가? 의식이란 무엇인가? 우주는 어떻게 돌아가는가?' 울프람이 거작 《새로운 과학$_{A\ New\ Kind\ of\ Science}$》에서 제기한 계산등가원리에 따르면 생명, 의식은 모두 계산을 통해 만들어지고, 우주는 하나의 세포자동자다.

천재라고 불리는 울프람은 1959년에 런던에서 태어났고 15세에 첫 번째 과학 논문을 발표했으며, 20세에 미국 캘리포니아공과대학교$_{California\ Institute\ of\ Technology}$에서 물리학 박사학위를 취득했다. 이후에 존 D. 와 캐서린 T. 맥아서 재단에서 '천재상'을 받았다. 당시에 울프람은 상금으로 받은 125,000달러를 몽땅 자신이 좋아하는 기본 입자 물리와 우주학 등 분야를 연구하는데 썼다.

1980년대 초반에 곧 캘리포니아공과대학교를 떠나 프린스턴고등연구소로 가서 연구를 진행할 예정이던 울프람은 한 세미나에서 세포자동자 이론을 처음 접하고 첫 눈에 반해, 너무 늦게 만난 것을 한탄하기라도 하는 듯이 세포자동자 연구에 몰입했다.

울프람은 1980년대 후반에 '매스매티카'를 개발해 명성이 자자해졌고 상업적인 성공도 거두었다. 1990년대에 들어선 후에는 작은 집에 틀어박혀서 푹 빠져 있었던 세포자동자 작업에 매진했고 '세기의 작품'을 집필하는데 몰두했다. 울프람은 10년 동안 무수히 많이 키보드를 두드리고 마우스를 옮기는 고군분투를 통해 마침내 2002년에 "뉴턴이 발견한 만유인력과 필적하는 과학의 금자탑"이라고 자칭한 걸작 《새로운 과학》을 선보였다.

1200페이지 분량의 이 영향력 있는 저서에서 울프람은 책 전반에 걸쳐 그가 편애하는 1차원 세포자동자의 '룰 110Rule 110' 개념을 널리 소개했다. 책의 관점에 따르면 각양각색의 복잡한 자연 현상은 핀볼 게임, 카드놀이부터 난류 현상까지, 나뭇잎, 조개껍데기 등 생물의 무늬가 형성되는 것부터 주식의 등락에 이르기까지 사실상 모두 어떤 연산법칙의 지배를 받으며 '룰 110'의 세포자동자와 등가다. 울프람은 '컴퓨터로 지극히 간단한 연산 법칙을 반복해서 계산하면 비정상적으로 복잡한 모델로 발전시킬 수 있으며, 자연계의 모든 현상을 설명할 수 있다'고 생각했다. 또 한술 더 떠서 우주는 하나의 방대한 세포자동자이며 '우주를 지배하는 원리는 바로 별 것 아닌 몇 줄짜리 프로그램 코드'라고 여겼다.

《새로운 과학》이 출판되자 당시에 큰 반향이 일었고, 초판 5만 부가 일주일 만에 몽땅 팔렸다. 하지만 학술계의 전문가들은 대부분 이 책을 그리 높이 평가하지 않았다. 세상에서 제일 잘난 듯 거만하고 기존의 업적을 깔보며 자신을 뉴턴과 비교하는 울프만의 태도에 코웃음을 치면서 상업적인 수단으로 세포자동자에 무지한 독자들을 오도한다고 생각했다. 사실 울프만은 새로운 과학을 창립한 것은 아니었다. 폰 노이만이 제기한 세포자동자 이론은 이미 50여 년의 역사를 가지고 있었고, 이 이론 및 복잡성에 바탕을 두지만 간단함에서 나온다는 개념의 복잡성 과학complexity science은 언제나 과학계의 연구 과제였다.

울프람은 말은 과장된 면이 있긴 하지만 세포자동자에 대한 애정, 과학에 대한 고집만큼은 존경할 만하다. 무엇보다 울프만은 근거 없는 말만 떠벌린 것이 아니라 컴퓨터 많은 논증과 연구를 진행했다. 이를 테면 울프만은 우주가 방대한 세포자동자라고 인정했는데, 여러 다양한

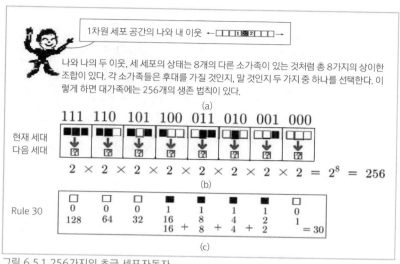

1차원 세포 공간의 나와 내 이웃 ←[＿＿＿＿|1|☒|2|]→

나와 나의 두 이웃, 세 세포의 상태는 8개의 다른 소가족이 있는 것처럼 총 8가지의 상이한 조합이 있다. 각 소가족들은 후대를 가질 것인지, 말 것인지 두 가지 중 하나를 선택한다. 이렇게 하면 대가족에는 256개의 생존 법칙이 있다.

(a)

111   110   101   100   011   010   001   000

현재 세대
다음 세대

$2 \times 2 \times 2 \times 2 \times 2 \times 2 \times 2 \times 2 = 2^8 = 256$

(b)

Rule 30

□	□	□	■	■	■	■	□
0	0	0	1	1	1	1	0
128	64	32	16	8	4	2	1
			16 +	8 +	4 +	2	= 30

(c)

그림 6.5.1 256가지의 초급 세포자동자

세포자동자 중에서 우주는 대체 어떤 세포자동자를 바탕으로 운행할까? 앞에서 소개한 콘웨이의 생명 게임은 여러 2차원 세포자동자 중의 한 종류일 뿐이라서, 생존 법칙을 바꾸면 여러 생명 게임을 한 무더기 만들 수 있다. 또한 2차원 세포자동자뿐 아니라 1차원, 3차원, 심지어 더 고차원의 세포자동자도 있을 수 있다. 그러면 우주가 따르는 것은 어떤 자동자인가?

울프만은 우선 가장 간단한 1차원 세포자동자부터 연구해야 한다고 생각했다.

생명 게임과 같은 2차원 세포자동자는 평면을 낱개의 격자로 나누므로, 1차원 세포자동자는 1차원 직선을 마디 단위의 선분으로 나누어야 한다. 하지만 더 직관적으로 나타내기 위해 우리는 [그림 6.5.1] (a)처럼 무한히 긴 격자점으로 특정 시점의 1차원 세포 공간을 표시한다. 흰색

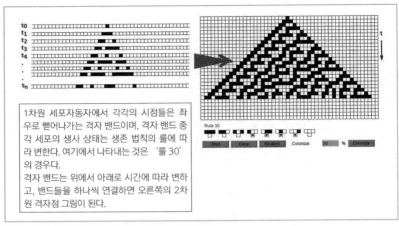

그림 6.5.2 초급 세포자동자 '룰 30'의 시간 변화도
초기 시점에는 가운데 세포 하나만 '살아'있다.
Java 프로그램 출처: http://mokslasplius.lt/rizikos-fizika/cn/wolframs-elementary-automatons

또는 검정색 겨자로 세포의 생/사 상태를 표시한다. 그리고 가장 인접한 두 세포만을 고려한다. 즉 인접한 '왼쪽'과 '오른쪽'의 두 이웃의 영향만을 고려한다. 이렇게 만든 초간단한 세포자동자를 초급 세포자동자라고 한다.

초급 세포자동자는 대체 몇 가지나 있는 걸까? 하나의 세포에 좌우 두 이웃을 합한 세 세포의 생/사 상태(입력)가 해당 세포의 다음 세대(출력)의 상태를 결정한다. 세 세포의 상태에는 총 8개의 다른 조합이 있으므로, [그림 6.5.1] (b)의 설명처럼 초급 세포자동자를 입력할 때는 8종류의 가능성이 있다. 가능성이 있는 각 종류를 입력할 때, 다음 세대의 가운데 세포는 생 또는 사 두 상태 중에서 하나를 선택할 수 있다. 따라서 총 $2^8 = 256$가지의 다른 생존 법칙을 조합할 수 있다. 즉 256가지의

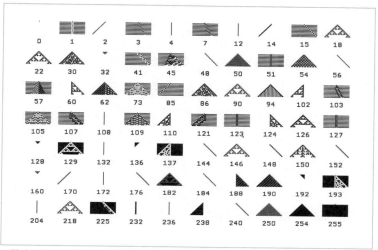

그림 6.5.3 초급 세포자동자의 시간 변화도
이미지 출처: http://mahworld.wolfram.com/ElementaryCellularAutomaton.html

상이한 초급 세포자동자가 있다.

앞에서 소개한 Lifeline과 마찬가지로 [그림 6.5.1] (b)에서 이진법의 0 (빈칸)은 '사'를 의미하고 1(검은 격자)은 '생'을 의미한다. 우선 가능한 8 가지 경우를 입력하고 111, 110, 101, 100, 011, 010, 001, 000의 순서로 좌측에서 오른쪽으로 배열한다. 그 다음 8가지 경우를 입력하면 출력되도록 정해져 있는 상태에 따라 8자리의 이진법 숫자가 만들어진다. 이 이진법 숫자를 십진법으로 전환하면 256보다 작은 이 정수를 초급 세포자동자의 코드로 사용할 수 있다. 예를 들어 [그림 6.5.1] (c)와 같은 출력 상태는 이진법 수 00011110으로 표시할 수 있고, 이 숫자를 십진법으로 전환하면 $2^4 + 2^3 + 2^2 + 2^1 = 30$이 된다. 이 생존 법칙이 대표하는 초급 세포자동자를 '룰 30'이라고 부른다.

1차원 세포자동자에서 여러 순간에 세포 상태가 변화하는 상황을 나타내기 위해, 계속 이어지는 시점에 대응하는 각각의 격자점을 한 시점에 대응하는 격자 밴드의 아래에 갖다 붙인다. [그림 6.5.2]처럼 t_0 시점에서 격자 밴드는 가운데 하나의 격자점만 검은색이고, 나머지는 모두 흰색인 격자점이 좌우로 뻗어나가는 긴 밴드다. 그림에서 수직 아래 방향은 시간의 흐름을 나타낸다. 시간축 하나를 추가했기 때문에, 1차원 세포자동자임에도 컴퓨터 화면에 나타나는 것은 2차원 격자점 그림이다. [그림 6.5.2]는 '룰 30'의 변화를 나타내고, [그림 6.5.3]은 다른 룰들의 초급 세포자동자의 변화 도형을 보여준다.

울프람은 발표한 논문들에서 1차원 세포자동자의 대수代數, 기하학, 통계적 성격을 체계적으로 연구하고 분류했다. 울프람은 그중에서도 특히 초급 세포자동자의 '룰 30'과 '룰 110'의 재미있는 성향에 각별한 애정을 드러냈다. [그림 6.5.4]는 무작위 초기값에 대한 이 두 룰의 변화를 나타낸 그림이다. '룰 30'은 특히 그것의 '카오스' 행위 때문이다. 예를 들어 중심 세포의 상태에서 시간의 변화에 따라 얻어지는 이진법 서열을 살펴볼 수 있다. 1, 1, 0, 1, 1, 1, 0, 0, 1, 1, 0, 0, 0, 1, … 그러면 끝없이 순환하지 않는 유사랜덤 시퀀스pseudorandom sequence임이 증명된다. '룰 110'은 더 흥미롭다. 무작위 초기 조건에서 오히려 어느 정도 질서는 있지만 절대로 중복되지 않는 듯하게 보이는 도안들이 만들어진다. '룰 110'은 무질서 속의 질서를 보여주는 듯하다. 카오스를 구성하고 있는 풍부한 내부 구조에는 더 깊은 차원의 룰이 숨어 있다. 쿠크라고 하는 울프람의 젊은 조교가 후에(1994년) '룰 110'은 범용 튜링 머신Universal Turing Machine

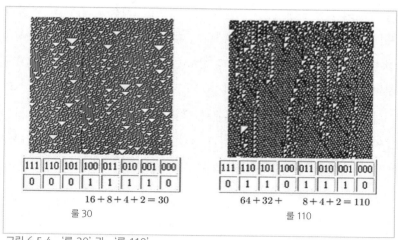

그림 6.5.4 '룰 30'과 '룰 110'

과 같은 효과를 낸다는 사실을 증명했다.

초급 세포자동자가 '범용 튜링 머신과 같은 효과를 낸다'는 말을 어떻게 이해해야 할까? 생물학의 각도에서 보면 반복을 통한 세포자동자의 변화는 세포의 삶과 죽음으로 표현되지만, 컴퓨터 과학의 각도에서 보면 한 번 변화하면 한 번의 계산이 끝난 것으로 볼 수 있다.

컴퓨터의 역사를 보면 사람들은 입력과 출력에 기다란 천공테이프를 사용했다. 지금 여기에 흩어져 있는 시점의 격자 밴드와 조금 비슷하게 들린다. 격자 밴드에 있는 세포의 생/사 분포는 컴퓨터 테이프의(0/1) '기호열symbol string'에 대응한다. 적당한 코드법이 있으면 어떤 숫자 문제든 (초기값과 계산법을 포함해서)기호열로 바꿔서 초기의 첫 번째 격자 밴드에 작성할 수 있다. 그 다음 세포자동자의 내정된 변환 룰에 따라 다음 시점의 기호열을 구할 수 있다. 즉 한 번의 '계산'이 끝난다. 이렇게 해나가면 시간이 끊임없이 흐르면 필요한 결과가 나올 때까지 계산이 한 단계씩 진행된다. 이 과정은 확실히 컴퓨터의 계산 과정과 비슷하다. 하지만 모든 룰의 세포자동자가 진짜 컴퓨터와 같을 수는 없고, 룰의 아이큐가 어떤지도 봐야 한다. 위에서 말했듯이 룰이 다른 256가지의 세포자동자가 있는데 각기 아이큐가 다르고 계산능력도 저마다 다르다. 예를 들어 [그림 6.5.3]의 초급 세포자동자 256개 중에서 몇 가지 특이한 사례를 살펴보자.

1. 먼저 '룰 255' 같은 것은 계산능력 따위를 거론할 수 없으며, 식별능력도 없다. 어떤 수든지 이 룰로 계산을 하면 전부 '검은색'이 칠해지기 때문이다. 이 점은 이 룰의 정의에서도 알 수 있다. '룰 0'도 마찬가지로 전부 '흰색'으로 칠해진다.
2. 이어서 '룰 90' 같은 타입을 보면 시간 변화도가 파스칼의 삼각형 pascal's triangle과 비슷하다. 이런 경우엔 결과가 너무 뻔하다. 너무 멍청해서 틀림없이 계산능력에 한계가 있다. 첫 번째 데이터가 아무리 복잡해도 소귀에 경 읽기 식이다.
3. '룰 30' 같은 타입은 조금 나아보이지만 논리가 뒤죽박죽이어서 말 안 듣고 제멋대로 날뛰는 녀석이다.
4. 마지막으로 유일하게 '룰 110' 타입은 계산능력이 기준에 달해 범용 튜링 머신과 동일한 계산 효과를 지니는 것으로 증명되었다.

인찬이는 '초급 세포자동자'에 대한 소개를 다 읽고 나서 눈을 감고 생각에 잠겼다. '승우 형 말이 맞아! 달은 나무로 만든 것이 아니고, 우리가 사는 세상도 계산만 한다고 답이 나오지 않아. 하지만 프랙탈, 카오스 그리고 비선형 과학의 수학 모델들과 컴퓨터 반복법은 그래도 자연을 이해하는데 큰 쓰임새가 있어.' 인찬이는 생각했다. '과학은 정말 재미있고 매력적이야! 과학은 아름답고 웅장한 화원 같아. 프랙탈과 카오스처럼 과학이라는 세계의 걸작들을 보면, 푸른 풀이 융단처럼 깔려 있고 꽃과 과일의 향기가 만발하는 아름다운 화원을 보는 것 같아.' 인찬이는 생각하고 또 생각하다가 어느덧 꿈속으로 빠져들었다. 그리고 꿈에서 여유롭게 꽃밭을 돌아다녔다.

1. LORENZ E N. Deterministie Nonperiodie Flow [J]. Journal of the Atmospheric Sciences, 1963, 20: 130–141

2. GLEICK J. Chaos: Making a New Science [M]. New York: Penquin, 1987

3. CHANG A. ZHANG T R. The Fractal Geometry of the Boundary of Dragon Curves [J]. Journal of Recreational Mathematics, 2000. 30: 9–22

4. EDGAR G A. Classics on Fractals [M]. Menlo Park: Addison–Wesley, 1993.

5. HAUSDORFF F. Dimension und äußeres Maß [J]. Mathematische Annalen, 1919, 79: 157–179.

6. CHANG A. ZHANG T R. The Fractal Geometry of the Boundary of Dragon Boundary [OL]. http://en.wikipedia.org/wiki/Dragon_curve

7. MANDELBROT B B. The Fractal Geometry of Nature [M]. San Francisco: W. H. Frreeman, 1983.

8. POINCARÉ H. The Relativity of Space [OL]. 1897. http://www.marxists.org/reference/subject/philosophy/works/fr/poincare.htm

9. POINCARÉ H. On the Dynamics of the Electron [J]. Comptes Rendues, 1905, 140: 1504–8.

10. POINCARÉ H. On the Dynamics of the Electron [J]. Rendiconti del Circolo matematico do Palermo, 1906, 21: 129–176.

11. DARRIGOL O. The Mystery of the Einstein Poincaré Connection [J]. Isis, 2004, 95(4): 614–26.

12. GALISON P L. Einstein's Clocks, Poincaré's Maps [M/OL]. http://www.fas.harvard.edu/~hsdept/bios/galison-einsteins-clocks.html

13. HILL G W. Reserches in the Lunar Theory [J]. American Journal of Mathematics, 1878, 5–26, 129–147, 245–260.

14. MAY R M. Simple Mathematical Models with Very Complicated Dynamics [J/OL]. Nature, 1976, 261: 459–467. http://matematicas.

euita.upm.es/GHuiz/ICF/Pdf/May76.pdf

15. MAY R. M. The Chaotic Rhythms of Life [J]. Australian Journal of Forensic Sciences, 1990.

16. BULDYREV S V, GOLDBERGER A. L, et al. Fractal Landscapes and Molecular Evolution: Modeling the Myosin Heavy Chain Gene Family [J]. Biophysica Journal, 1993, 65: 2675-2681.

17. SAPOBAL, B. Universalités et fractales [M]. Paris: Flammarion-Champs, 2001.

18. TAN CO, et al. Fractal Properties of Human Heart Period Variability: Physiological and Methodological Implications [J]. The Journal of Physiology, 2009, 587: 3929.

19. GLASS L, MACKEY M. From Clocks to Chaos: The Rhythms of Life [M]. Princeton: Princeton Univ Press, 1988.

20. GOLDBERGER A L, RIGNEY D R, BRUCE J. Chaos and Fractals in Human Physiology [J]. West Scientific America, 1990(2).

21. LIPSITZ L A, GOLDBERGER A L. Loss of Complexity and Aging [J]. The Journal of the American Medical ssociation, 1992, 267(13).

22. LEFÈVRE J. Teleonomical Optimization of a Fractal Model of the Pulmonary Arterial Bed [J OL]. J Theor Biol, 1983: 21. http://www.ncbi.nlm.nih.gov/pubmed/6876845

23. YERAGANI V K. JAMPALA V C, et al. Effects of Paroxetine on Heart Period Variability in Patients with Panic Disorder: A Study of Holter ECG Records [J/OL]. Neuropsychobiology, 1999, 40: 124-128, http://www.karger.com/Article/FullText/26608

24. SMALE S. Chaos: Finding a Horseshoe on the Beaches of Rio [OL]. 1996. http://www6.cityu.edu.hk/ma/doc/people/smales/pap107.pdf

25. COLLET P, DCKMANN J P, KOCH H. Period Doubling Bifucations for afamilies of Maps on [J]. Journal of Statistical Physics, 1981, 25: 1-14

26. WALDNER F, BARBERIS D F, YAMAZAKI H. Route to Chaos by Irregular Periods: Simulations of parallel pumping in ferromagnets [J]. Physics Review A, 1985, 31(1): 420-431.

27. POMEAU Y, MANNEVILLE P. Intermittent Transition to Turbulence in Dissipative Dynamical Systems, Commun [J]. Jouranl of Mathematical Physics, 1980, 74: 189-197.

28. OTT E, SOMMERER J C. Blowout Bifurcations: the Occurrence of Riddled Basins and on-off Intermittency [J]. Physics Letters A, 1994, 188: 39-47

29. BATTELINO P M, GREBOGI C, OTT E, et al. Chaotic Attractors on a 3-torus and Torus Break up [J]. Physica D, 1989,39: 299 314.

30. CHUA L O. The Genesis of Chua's Circuit [J]. Archiv Elektronic Ubertransgungstechinik, 1992, 46: 250-257.

31. MADAN R N. Chua's Circuit: A Paradigm for Chaos [J]. World Scientific, 1993.

32. MANDELBROT B. Fractals and the Art of Roughness [OL]. http://www.ted.com/takls   benoit_mandelbrot_fractals_the_art_of_roughness.html

33. MANDELBROT B. The Variation of Certain Speculative Prices [J]. Journal of Business, 1963, 36: 394-419.

34. FAMA E F. Mandelbrot and the Stable Paretian Hypothesis [J]. Journal of Business, 1963, 36(4): 120-129.

35. DAY R. Irregular Growth Cycles [J]. American Economic Review, 1982(72): 406-414.

36. DAY R. The Emergence of Chaos From Classical Economic, Growth [J]. The Quarterly Journal of Econ, 1983(54): 204-213

37. BARNET T, WILLIAM A, CHEN P. Economic Theory as a Generator of Measurable Attractors [J]. Mondes en Developpement, 1986, 14:209-24.

38. CHEN P. Origin of Division of Labor and Stochastic Mechanism of Differentiation [J]. European journal of operational research, 1987.30(3): 246–250.

39. BROCK W A, SAYERS C. Is the Business Cycles Characterized by Deterministic Chaos? [J]. Journal of Monetary Economics, 1988, 22: 71–80.

40. CHEN P. A Random–Walk or Color–Chaos on the Stock Market? Time–Frequency Analysis of S&P Indexes [J]. Studies in Nonlinear Dynamics & Econometrics, 1996, 1(2): 87–103.4141

41. PETERS, DEGAR E. Fractal Market Analysis: Applying Chaos Theory to Investment and Economics [M]. Hoboken: John Wiley and Sons, 1994.

42. 丁玖, 中国数学家传 (第六卷)   李天燕 [OL]. http://wenku.baidu.com/vies/9b2el906eff9aef8941e061f.html

43. LI T Y, YORKE J A. Period Three Implies Chaos [J OL]. American Mathematical Monthly, 1975, 82: 985–992, http://pb.math.univ.gda.pl/chaos/paf/li–yorke,pdf

44. Wikipedia: John Rueesll [OL]. http://en.wikipedia.org/wiki/John_Scott_Russell

45. ABLOWITZ M, BALDWIN D E. Nonlinear Shallow Ocean–wave Soliton Interactions on Flat Beaches [J]. Physical Review E, 2012, 86(3).

46. 生命游戏 Java [OL]. http://bitstorm.org/gameoflife/

47. Wolfram S. A New Kind of Science [M]. Charnpaign: Wolfram Media, Incorporated, 2002.

48. Stewart I, Does God Play Dice? The Mathematics of Chaos [M]. London: Penguin Books, 1989, 141.

49. Osborne, M. F. M. Brownian Motion in the Stock Market [J]. Operations

Research, 1959, 7(2):145–173.

[A] 드래곤 커브 [OL]. http:/www.tianfangyetan.net/cd/java/fractals.html
[B] 만델브로 집합과 줄리아 집합 [OL]. http://www.tianfangyetan.net/cd/
java/Lorenz.html
[C] 로렌츠 끌개 [OL]. http://www.tianfangyetan.net/cd/java/Lorenz.html
[D] 삼체문제 시연 프로그램 [OL]. http://aleejacobson.com/programs/three-
body-chaos/
http://aleejacobson.com/programs/fullscreen-applet/?page=http
%3a //aleejacobson.com/programs/three-body/chaos/
[E] 주기배가분기 현상 시연 프로그램 [OL]. http://www.tianfangyetan.net/cd/
java/Bifureations.html
[F] 프랙탈 음악 웹사이트 [OL]. http://docs.google.com/leaf? id=0B7ZOv_0y
iMYgM2VlMDQwNTMtNDU2Yi00MWZk...
http://www.youtube.com/watch?v=uHg_g3Yeow&Ywow&feature=
related

수학 놀이에서 현실 세계로

장톈룽은 미국 텍사스대학교 오스틴캠퍼스 물리학과 동기다. 1980년대에 텍사스대학교는 세계 물리학 연구의 선두주자였다. 스승님이신 프리고진 교수님은 비평형상태 통계 물리, 자기조직화 이론과 복잡계Complex systems 과학을 창시하신 분으로 1977년에 노벨화학상을 수상했다. 내가 근무한 프리고진연구센터 사무실이 있는 물리학과 7, 8층이 바로 장톈룽이 공부하는 이론물리연구센터였다. 노벨물리학상 수상자이자 기본 입자 및 통일장 이론unified field theory을 연구한 스티븐 와인버그Steven Weinberg, 블랙홀을 연구한 유명한 이론물리학자 존 휠러John Wheeler, 양자 중력장을 연구한 디윗Bryce Seligman DeWitt이 모두 이곳 출신이다. 11층에는 카오스 현상 실험 연구 분야에서 세계 선두주자인 해리 스위니Harry Swinney가 이끄는 비선형동역학센터가 있었다. 프리고진센터에서 카오스 이론을 연구하다가 문제에 부딪히면 11층에 있는 실험 물리학자들에게 가져가서 토론하고, 11층도 난제를 만나면 우리 센터로 왔다. 이렇게 선진 분야들이 어우러지는 학술 분위기는 1세대 중국 유학생들에게 많은 영향을 주었다.

장톈룽은 중국 학생들 중에서도 재능이 출중한 여학생으로 꼽혔다. 대학원 시험에 응시했을 때 이미 세 자녀의 어머니였던 장톈룽은 외진 장시江西 지역에서 고득점을 받고 오랜 역사를 지닌 중국과학원 이론물리소에 들어갔으며, 1세대 국비 유학생으로 박사 과정을 밟았다. 장톈룽의 뛰어난 수학 실력에 동기들은 감탄해 마지않았다.

텍사스대학교에서 장톈룽이 선택한 분야는 난도가 높은 수학물리였다. 장톈룽의 스승인 세실 드윗 모레트Cécile DeWitt-Morett도 물리학계서 비범한 여성으로 꼽힌다. 1940년대에 아담한 체구에 우아함을 지닌 이 프랑스 아가씨는 중국에서 원자탄 이론 연구를 주도한 유명한 물리학자 펑환우彭桓武 교수를 사모했었다. 장톈룽이 텍사스대학교에 가서 유학을 할 수 있었던 것은 두 교수님의 우정 덕분이기도 했다. 이론물리학은 어려운 분야라서 여학생들은 잘 발을 들여놓지 않는다. 그래서 세실이 '2차 세계대전' 후 프랑스 물리학의 부흥을 이루는 뮤즈가 될 것을 아무도 상상하지 못했다. 세실은 '2차 대전'후 프랑스 물리학의 위상이 곤두박질 쳤음을 절감하고 안타까운 마음에 프랑스에 이론물리 하계 고급 강습반을 개설하자고 제의해서 각국의 물리학 대가들을 프랑스에 초청해 강의를 열었다. 수년 후, 세실은 오랫동안 미국에 머물렀음에도 프랑스 정부로부터 프랑스 물리 부흥에 기여한 것에 감사하는 뜻의 기사 훈장을 받았다.

장톈룽이 쓴 이 책에서는 그녀의 다른 저서인 《양자 얽힘과 친해지기》에서와 마찬가지로 독특한 스타일이 뚜렷하게 드러난다. 일반적인 대중 과학교양 서적들은 주로 '일'의 개념에서 얘기를 진행하는데, 장톈룽은 '사람'과 생각, 즉 과학의 발견에 대한 진솔한 이야기들을 풀어낸다. 장톈룽이 소개하는 과학자들은 하나 같이 천진무구하고 사랑스러우며 생동감이 넘친다. 과학을 사랑하는 젊은이들이 가장 궁금해하는 것은 과학 발견의 결과 아니라, 새로운 생각의 영감이 어디에서 왔는가다. 장톈룽은 자신이 이해한 바를 바탕으로 한 사람 한 사람의 생생한 이야기를 들려준다. 그리고 이런 스토리텔링의 영감은 학문의 경계에 구애를 받지 않는 오스틴캠퍼스 물리학과의 자유로운 소통 분위기에서 근거한다.

나는 장톈룽 및 다른 동기들과 함께 존 휠러_{John Archibald Wheeler} 교수를 몇 번 방문했었다. 당시 휠러 교수는 아인슈타인, 보어_{Bohr}와 함께 일한 적이 있는 유일한 물리학자였고, 노벨물리학상 수상자인 파인만의 스승이기도 했다. 나는 질문을 던지기를 좋아했고, 휠러는 답을 할 때면 항상 이야기의 시작과 끝을 먼저 얘기했다. 장톈룽은 필기 솜씨가 좋아서 이 이야기들을 훌륭하게 기록하곤 했다. 한 번은 아인슈타인과 보어의 유명한 설전에 대해 토론을 했는데, 휠러가 신이 나서 재미있는 일화를 꺼냈다. 프린스턴대학교에서 아인슈타인의 조각상을 세우고자 했다. 어떤 이미지가 아인슈타인의 개성을 잘 드러낼 수 있을까? 누군가가 아인슈타인이 허리를 굽히고 한 소녀에게 얘기를 하는 이미지로 아인슈타인의 호기심과 동심을 표현하자고 건의했다. 휠러는 자신이 실제로 본 장면이 있는데 아쉽게도 그걸 표현할 만한 예술가가 없다고 말했다. 아인슈타인과 보어는 친한 친구이면서 라이벌이었다. 보어는 유럽에서 프린스턴으로 올 때면 제일 먼저 아인슈타인의 집으로 향했다. 두 사람이 만나면 논쟁이 그칠 줄을 몰랐다. 한 번은 아인슈타인이 낮잠을 자고 있었고 휠러도 그 자리에 있었다. 아인슈타인은 보어를 보자마자 벌떡 일어났고, 두 사람은 흥분해서 열 일 제쳐두고 논쟁에 빠졌다. 아인슈타인이 실오라기 하나도 걸치고 있지 않은 것을 발견한 사람은 휠러밖에 없었고, 보어도 아인슈타인에게 옷 좀 입으라고 말해야 한다는 것을 전혀 감지하지 못했다.

카오스의 발견은 뉴턴 물리학의 세계관에 치명적인 타격을 주었다. 특히 물리학계를 뒤흔든 것은 1980년에 파이겐바움Feigenbaum이 발견한 보편상수였다. 나는 1981년 봄에 파이겐바움이 휴스턴대학교에 와서 강연을 하는 자리에 참여하고 함께 점심식사도 하는 행운을 얻었다. 당시에 강연을 들은 물리학 교수 중 한 사람도 강연 내용을 이해하지 못했다. 그런데 의외로 카오스에 관한 기사는 물리학자들의 관심을 끌었다. 1981년 가을에 프리고진의 연구생이었던 나는 중국 학생으로서는 이해하기 힘든 이상한 일을 발견했다. 교수와 연구생이 방금 일기 시작한 '카오스 붐'을 정반대로 바라보고 있었다. 당시 교양과학 도서들이 마구잡이로 카오스를 홍보하는 바람에, 대학원생들과 대학생들이 너나 할 것 없이 달려들었다. 하지만 물리 분야의 주류 잡지들은 카오스에 관한 논문을 게재하길 거부했다. 실험 증거가 얼마 없었기 때문이다. 당시에 나도 카오스에 호기심이 많았지만, 그래도 나는 진화생물학과 경제학 노동 분업의 진화 메커니즘 연구에 몰두했다. 그런데 1984년에 브뤼셀에서 걸려온 한 통의 전화가 내 연구 궤도를 틀었다. 프리고진의 학생과 동료인 벨기에 브뤼셀대학교의 니콜리스Nicolis 부부가 북극 심해 시추공의 지질 데이터에서 기상 카오스의 경험적 증거를 발견했다. 두 사람은 극도로 흥분해서 브뤼셀에서 프리고진에게 전화로 기쁜 소식을 전했고, 프리고진은 카오스에 대한 입장이 바로 바뀌어서 그것이 획기적인 혁명이라는 사실을 알았고 자신이 만든 '자기조직화' 이론에 넣을 수 있었다. 프리고진은 수화기를 놓고 내게 '경제 카오스'를 연구해볼 뜻이 있느냐고 물었다. 노동 분업 모델 연구가 막바지에 접어들었을 때라서, 새로운 과제를 시작한다는 것은 4년차 박사생에게 처음부터 다시 시작하라는 의미나 다름없었다. 당시에 우리는 새로운 시대가 등장할 것임을 어렴풋이 느꼈고, 결과는 예측하기 어렵지만 역사적인 기회를 놓치고 싶지는 않았다. 그래서 나는 하고 있던 모든 일을 내려놓고 방대한 경제금융 데이터에서 '사막에서 바늘 찾기'를 시작했다. 1년 후에 드디어 통화지수에서 최초의 '경제 카오스'의 경험적 증거와 이론적 증거를 찾았고, 10년 후에는 경제 변동을 관측하는 준거 틀을 개선했으며, 연속하는 시간의 카오스가 거시 경제와 금융의 시간 순서에 보편적으로 존재한다는 사실을 발견했다. 프리고진도 곧바로 지대한 영향을 끼친 새 저서 《혼돈으로부터의 질서》를 집필했다. 비평형상태 통계물리와 비선형 동역학의 성과를 정리한 이 책은 복잡계 과학의 토대를 마련했다. 뜻밖에도 경제 카오스의 발견에 물리학자들과 생물학자들은 굉장히 좋아하며 기뻐했지만, 경제학자들은 매우 난감해 했다. 카오스라는 개념이 뉴턴역학의 예측가능성을 뒤엎었기 때문이다. 대체 과학의 재난인지 아니면 복덩이인지, 여러 분야의 학자들의 이해가 완전히 엇갈렸다. 카오스는 일기예보를 난처하게 만들었지만, 생물과 경제의 다양성과 적응성을 이해함에 있어서는 기계론의 동역학 기초를 뛰어넘었다. 장톈룽의 책을 통해 내가 카오스 연구 초반에 학계에 존재했던 논쟁 이야기를 꺼내는 이유는, 청년들에게 과학에서 새로운 발견을 하려면 선배들에게 도전하고, 자신의 스승에게 도전하는 용기가 있어야 한다는 것을 얘기해주고 싶어서다. 프리고진이 자주 하는 말이 있다. "과학연구는 선생이 학생을 가르치는 것이 아니라 학생이 선생을 가르치는 것이다." 나는 프리고진의 곁에서 20여 년을 연구했다. 그 동안 과학에서의 발견은 교과서를 공부하는 것으로 시작하는 것이 아니라 질문과 관찰에서 시작한다는 것을 깨달았다. 과학에서의 발견은 조금만 늦어도 기회가 달아난다. 조금의 주저함도 용납되지 않는다. 나폴레옹이 남긴 명언이 있다. "기회는 준비된 자의 것이다!" 이것은 성공한 사람의 경험에서 나온 말이다.

수학물리학자들이 시작한 카오스 연구는 점차 각 분야에서 자리를 잡으며 응용되고 있다. 나는 경제 카오스 연구부터 시작해서 물리학부터 경제학과 금융학까지 포괄하고 있는데, 기존의 수학 모델부터 시작한 것이 아니라 경험적 데이터 분석부터 시작했다. 양자역학과 비교하면 카오스 연구는 새로 떠오르는 복잡성 과학 분야의 일부로, 아직 미성숙 단계이며 지금까지 미결로 남아 있는 중대한 논쟁거리가 존재한다. 카오스라는 이름은 수학자인 요크James York가 제기했다. 그들은 결정론 방정식에서 왜 불확정한(궤도를 정확하게 예언할 수 없는) 수학 해가 생기는 것인지를 이해할 수가 없었다. 요크는 그가 이름을 붙인 카오스라는 단어에 그 곤혹감을 투영했다. 영어에서 카오스chaos는 '무질서'라는 뜻이며, 부정적인 의미가 강하다. 이에 비해 중국어에서 '혼돈混沌'은 원래 우주의 시작을 뜻한다. 반고가 세상을 열었던 것처럼 '무질서에서 질서가 생기는' 변화 과정이다. 프리고진은 중국의 노장老莊 철학은 전체론과 진화론이라는 철학과 사상을 담고 있기 때문에 서구의 원자론보다 뛰어나다고 극찬했다.

프리고진은 평생 생명의 기원 문제와 어떻게 평형상태의 무질서에서 비평형상태의 질서가 생기고 발전하는지에 관심을 기울였다. 프리고진은 우선 비선형 방정식의 한계궤도Limit cycle의 해를 사용해서 화학반응을 하는 유형들의 생명 주기를 설명했다. 그 후 맥케이Mackey, 글라스Glass와 내가 차례로 차분-미분방정식(시지연 미분방정식이라고도 함)의 카오스 해를 발견하여, 관찰한 생물 카오스와 경제 카오스를 설명하는데 사용할 수 있게 되었다. 나는 메이May가 발견한 이산 시간 차분 방정식에서 만들어지는 결정론 카오스를 '화이트 카오스white chaos'라고 부른다. 카오스의 주파수 스펙트럼이 백색 소음white noise처럼 평평하기 때문이다. 하지만 연속 시간의 시지연 미분방정식에서 만들어지는 결정론 카오스는 주파수 스펙트럼에 폭이 조금 있는 봉우리가 있어서, 나는 그것을 '컬러 카오스color chaos'라고 부른다. 컬러 카오스는 생체시계의 가장 간단한 수학 모델이다. 사람의 심장 박동과 호흡 주파수는 일정한 범위를 두고 변하므로, 기계 시계처럼 주파수가 단일하고 폭이 좁은 주파수 스펙트럼 봉우리만 가지지도 않고, 백색 소음이 될 수도 없다. 이것이 우리가 연구하는 비선형 경제 동역학과 전통적인 신고전파 경제학의 주요한 차이점이다.

프리고진은 카오스를 더 낮은 무질서가 아니라 더 높은 생물의 질서로 본다. 노버트 위너Norbert Wiener의 사이버네틱스cybernetics는 생명이 안정성을 지니는 원인을 음의 피드백negative feedback 메커니즘으로 돌리는데, 이것은 절반만 옳다. 네거티브 피드백만 있어서는 신진대사와 혁신적인 혁명이 일어날 수 없기 때문이다. 나는 개인적으로 컬러 카오스가 수학적으로 생명 현상을 설명하는 두 번째 상징이라고 생각한다. '이상한 끌개'를 예로 들면, 이상한 끌개의 전형적인 이미지는 안은 빽빽하고 밖은 헐렁한 나선형 궤도다. 부분적으로는 궤도가 불안정하지만 전체적인 구조는 안정적이다. 프리고진은 양의 피드백positive feedback의 작용은 양날의 검과 같아서, 옛 질서를 파괴하기도 하고 새로운 질서를 만들기도 한다고 지적했다. 따라서 생명계는 필연적으로 양·음의 피드백을 포함하며 공존하고 경쟁한다. 로렌츠가 홍보한 '나비효과'는 과장된 면이 있다. 양의 피드백으로 방해 작용이 확대되기만 하고, 진동으로 넘어갈 때 음의 피드백의 억제 작용은 없어서 어떤 구조든 와해된다. 자연계에서는 불가능한 일이다. 에너지 보존 법칙이 부분적 진동의 무한한 확대를 제한하기 때문이다. 밖에서 불을 피울 때 연료가 닳으면 불이 꺼지는 것과 같은 이치다. 진짜 물리 메커니즘에서는 여러 비선형이 상호작용 한다. 일기예보는 단기와 중기의 가능성은 있지만 장기적인 예보를 하기는 어렵다. 경제학에서는 나비효과의 역할을 과장함으로써 시장에 대한 정부의 모든 관여에 반대하지만, 이는 성립하지 않는다. 주식 시장의 경우에는 단기, 장기 움직임은 예측할 수 없지만 중기는 가능하다. 거시경제 조정은 이를 토대로 진행된다. 우리는 경제주기의 길고 짧음을 조정하는 것이 가격 폭을 조정하는 것보다 훨씬 타당하다는 점에 주목했다. 대공황과 얼마 전의 금융위기는 모두 10년씩이나 지속된 경제번영 이후에 일어났다. 시간 표상과 주파수 표상 중에 어느 것이 더 나은지는 구체적으로 분석해야 한다.

장톈룽은 졸업 후 나와 다른 연구 분야로 갔다. 오랫동안 연락을 안 해서 옛날의 똑순이가 어디에서 실력을 발휘하고 있는지 몰랐는데, 장톈룽이 퇴직한 후에 가만히 있지 못하고 소설 몇 편을 썼고 또 교양과학 도서로 진출했다는 소식을 갑자기 접했다. 그 자신을 반영하듯이 글이 세심하고 다정하며 감동적이었다. 남녀노소, 일반 대중이나 지식인을 불문하고 모든 독자에게 과학에 대한 호기심과 탐구하고자 하는 열망을 불어넣어주는 글이었다. 독자 중에서 미래의 아인슈타인이나 로렌츠가 나올지 누가 알겠는가?
훌륭한 교양과학 도서는 기존의 지식을 소개하는데 그치지 않고 역사의 논쟁을 돌아보며 미래의 해답을 찾도록 도와준다. 장톈룽의 책을 처음 읽자마자 카오스 연구에 대한 색다른 견해를 갖게 되었고, 주류 학자들과 대중매체의 논쟁을 보노라니 마치 옛날 휠러의 사무실에서 모이던 그 시절로 돌아간 듯했다. 우리의 논쟁은 한 쪽의 의견일 뿐이므로, 누가 더 진실한 세계에 가까운지를 판단하는 것은 독자의 몫으로 남겨두는 것, 이것이 장톈룽 책의 독특한 면이다.

마지막으로 독자들에게 비밀을 하나 공개하겠다. 장톈룽이 수십 년간 한결같이 재능을 뽐낼 수 있었던 것은 다재다능한 남편 덕분이기도 하다. 남편 장추章球 박사도 나의 텍사스대학교 동기다. 장추는 공학도지만 세심하고 손재주가 좋을 뿐 아니라 가무에도 능하다. 옛날에 〈신장의 봄新疆之春〉이란 노래로 뭇 여성의 인기를 한 몸에 받았다. 과학은 어렵고 고달프지만 상상력을 필요로 하는 일이다. 과학 분야에서 일하고 싶다면 로맨틱하고 충성스런 반려자를 만나 함께 시간을 보내는 것이 최고의 방법이다. 수긍할 수 없다면, 이 책에 서문을 써준 다른 친구에게도 물어보시라! 웃자고 한 얘기지만 사실이다.
장톈룽의 영감이 책속의 등장인물들과 마찬가지로 늘 젊고 푸르길 바란다!

천핑
2013년 2월 12일 미국 텍사스주립대학교 오스틴캠퍼스에서

천핑陳平
베이징대학교 국가발전연구원 교수, 푸단대학교 신정치경제학센터 선임연구원, 콜롬비아대학교 The Center on Capitalism and Society 외국계 연구원, 텍사스대학교 The Center for Complex Quantum Systems 방문연구원. 비평형상태 물리, 비선형 경제 동역학 및 진화경제학을 연구하고 있다.

저자 장톈룽张天蓉

쓰촨 청두출신. 미국 텍사스주 오스틴칼리지 이론물리학 박사. 현재 미국 시카고에 거주하고 있으며 블랙홀 방사, 파인만의 경로 적분, 펨토초 레이저, 고주파와 마이크로웨이브의 EDA 통합 회로 소프트웨어 등을 연구한 바 있다. 전공 논문 30여 편을 발표했고, 2008년에는 과학교양 소설 《신 아라비아나이트》를, 2010년에는 미스터리 소설 《미국 세입자》를 출간했다. 2012년부터 과학망 (www.sciencenet.cn)에 과학교양에 관한 글을 올리고 있으며, 깊이 있지만 쉽게 이해되고 흥미진진한 문체와 과학적인 진지함을 잃지 않는 문체로 독자들의 사랑을 받고 있다.

옮긴이 한수희

이화여대 중어중문학과를 졸업하고 같은 대학 통역번역대학원에서 번역학석사(한중전공) 학위를 취득했다. 현재 번역집단 실크로드에서 중국어 전문 번역가로 활동하고 있다.
옮긴 책으로 《자본의 전략》(공역), 《월스트리트의 반격》(공역), 《스물아홉 장의 전당표》, 《완다 : 아시아 최고 부자의 경영 강의》, 《이중톈 중국사 8: 한무의 제국》, 《이중톈 중국사 9: 두 한나라와 두 로마》가 있다.

나비효과의 수수께끼
(프랙탈 · 카오스와 친해지기)

발행일 / 1판1쇄 2017년 1월 2일

저자 / 장톈룽张天蓉

옮긴이 / 한수희

발행인 / 이병덕

발행처 / 도서출판 꾸벅

등록날짜 / 2001년 11월 20일

등록번호 / 제 8-349호

주소 / 경기도 파주시 한빛로 11 309-1704

전화 / 031)946-9152 팩스 / 031)946-9153

잘못된 책은 구입하신 서점이나 본사에서 교환해 드립니다.

蝴蝶效应之谜 : 走近分形与混沌
by Zhang Tianrong
Copyright © 2014 Tsinghua University Press Limited
Korean Translation Copyright © 2016 by JUNGIL PUBLISHING COOBUG PUBLISHING
This translation is published by arrangement with Tsinghua University Press Limited
through SilkRoad Agency, Seoul , Korea.
All rights reserved.

이 도서의 국립중앙도서관 출판예정도서목록(CIP)은 서지정보유통지원시스템 홈페이지(http://seoji.nl.go.kr)와 국가자료공동목록시스템(http://www.nl.go.kr/kolisnet)에서 이용하실 수 있습니다. (CIP 제어번호: CIP2016027282)